つり合いから読み解く材料力学

藤岡　照高【著】

コロナ社

ま　え　が　き

　材料力学は工業技術を安全に利用するうえで必須と考えられているものの，研究され尽くした古い学問との印象があり，大学などの教育機関では，材料力学を専門とする教員は「絶滅危惧種」といわれることがある。便覧に示された公式を用いるなり，市販の CAE（computer-aided-engineering）ソフトを用いて応力を表示すれば用が足りる気もするため，こう思うのも無理はない。

　しかし，材料力学の運用にあたっては現実の部品を簡略化した力学モデルに基づく解析が行われるため，モデルおよびその結果の妥当性を見極めるには，力学的センスに基づく洞察が必要になる。CAE ソフトの高性能化，操作性の向上によって普及が進む一方で，ブラックボックス化に伴い，力学的センスに基づく洞察は以前に増して重要になってきていると思われる。

　一方，教育機関における力学教育では，日常生活の中でものを作って壊す体験が乏しい状況下で，座学授業主体で力学的センスを養うのは容易でない。学ぶ側も「なぜそうなるのか」を考えるよりも，解法のテンプレートへの数値の代入ですませたくもなる。その結果，部品が外部から受ける力と外部に及ぼす力の区別，外力と物体中の仮想切断面上に発生する内力の区別ができていないため，自由物体図を正しく描けない学習者も多い。

　本書は，解法のプロセスよりも基本原理が身に付くことを念頭に置き，「体感できる材料力学の基本」を目指したものである。力学を体感するためつり合い関係を重視し，自由物体図をしつこく示しているが，読者は自ら自由物体図を描き，手計算により数式の妥当性を納得してもらいたい。

　本書は工業高等専門学校，大学工学部の学生を読者に想定しているが，基本を学びたい社会人技術者にも有益と考えている。前提とする知識としては高等学校の数学・物理の範囲を想定している。概念的な説明のうえで有効な面積

分，体積分などは数式として示しているが，具体的な計算は高等学校数学の知
識で間に合うようにしている。一方，簡単な行列は使用している。CAE に関連
した業務や連続体力学への展開にあたっては必要になるため，行列には慣れて
いただきたい。

　章末の演習問題には巻末に略解を載せているが，詳細な解答例はコロナ社
ホームページ（下記 URL）に掲載している。

　https://www.coronasha.co.jp/np/isbn/97843390467755/　（2021 年 8 月現在）

2021 年 8 月

著　　者

表記上の注意

（1） 物理量は「数値」と「単位」の積とし，記号で表される物理量には単位を付けない。物理量の値を示すときは数値に単位を付ける。

（2） 物理量を表す記号は英数字またはギリシャ文字を使用する。太字・斜体はベクトルまたは行列を表し，標準・斜体はスカラを表す。

（3） ベクトルの大きさは同一記号の標準・斜体とする。例えば，a はベクトルを表し，a は a の大きさを表す。a には正負を付け，a が負のときは図中や本文中で定義した a の反対方向を向くことを意味する。

（4） 行列は太字・斜体の記号を[ ]で囲んで$[A]$などと表し，$[A]$の逆行列は$[A]^{-1}$，転置行列は$[A]^{\mathrm{T}}$，行列式は $\det[A]$ と表記する。

（5） ベクトルの成分表示は原点を始点としたときのベクトルの終点の座標で表す。例えば x 方向の単位ベクトルは $e_x = (1, 0, 0)$ とするが，式(1)のように 3×1 行列（縦ベクトル）で表記することがある。

$$e_x = [1 \quad 0 \quad 0]^{\mathrm{T}} = \begin{bmatrix} 1 \\ 0 \\ 0 \end{bmatrix} \tag{1}$$

（6） ベクトルや座標軸が紙面に垂直に図示されるとき，紙面から出てくるときは丸の中に黒丸を描き（**図**(a)），紙面に入っていくときは丸の中に×印を描く（図(b)）。これは弓矢の矢を進行方向から見たときと後ろから見たときを表している。

（a） z 軸が紙面から 出てくる方向 　　（b） z 軸が紙面に入 る方向

図 紙面に垂直な方向を表す記号

目　　　　次

1　材料力学を学ぶ準備

1.1　本書が取り扱う材料力学 ·· *1*
1.2　力のベクトルの合成・分解 ·· *3*
　1.2.1　力のベクトルの合成 ·· *3*
　1.2.2　力のベクトルの分解 ·· *3*
1.3　力とモーメントのつり合い ·· *5*
　1.3.1　力のつり合い ·· *5*
　1.3.2　モーメントのつり合い ·· *7*
1.4　物体にはたらく荷重の種類 ·· *9*
　1.4.1　物体力と表面力 ·· *9*
　1.4.2　境界条件および反力・反モーメント ······························ *13*
　1.4.3　自　由　物　体　図 ·· *14*
演　習　問　題 ·· *19*

2　応力とひずみ

2.1　仮想切断面上で一様に分布する応力 ···································· *20*
　2.1.1　垂　直　応　力 ·· *20*
　2.1.2　せ　ん　断　応　力 ·· *22*
2.2　微小部分のひずみと応力 ·· *23*
　2.2.1　垂　直　ひ　ず　み ·· *23*
　2.2.2　せ　ん　断　ひ　ず　み ·· *25*

2.2.3 塑 性 ひ ず み ···26

2.2.4 熱 ひ ず み ···26

2.3 弾性範囲での応力とひずみの関係·······························27

2.3.1 軸力を受ける棒の縦ひずみと横ひずみ·····················27

2.3.2 せん断力を受ける物体のせん断応力とせん断ひずみ·········28

演 習 問 題···30

3 材料試験と許容応力

3.1 引 張 試 験··31

3.1.1 引張試験と公称応力···31

3.1.2 真応力と真ひずみ··34

3.2 疲 労 試 験··36

3.3 ク リ ー プ 試 験···38

3.4 安全率と許容応力···40

3.5 断面平均応力に基づく設計·····································41

演 習 問 題···45

4 軸力を受ける棒

4.1 段 付 き 丸 棒···46

4.2 断面が連続的に変化する丸棒·································48

4.3 物体力を受ける棒···50

4.4 温度変化を受ける棒··52

4.4.1 線 膨 張 係 数···52

4.4.2 両端を壁で固定された棒の熱応力·····················52

4.4.3 並列に連結した2本の棒の熱応力·····················54

演 習 問 題···57

5　軸 の ね じ り

5.1　丸棒軸のねじりによる変形と応力 ································· *58*
　5.1.1　比ねじれ角とねじり応力 ································· *58*
　5.1.2　せん断応力と断面二次極モーメント ····················· *60*
5.2　複 雑 な 丸 棒 軸 ··· *62*
　5.2.1　段 付 き 丸 棒 軸 ································· *62*
　5.2.2　複数のトルクを受ける丸棒軸（重ね合わせの原理） ········· *63*
5.3　動力を伝達する軸 ······································· *67*
演　習　問　題 ··· *69*

6　は り の 曲 げ

6.1　せん断力図と曲げモーメント図 ····························· *70*
　6.1.1　はりに生じる内力 ································· *70*
　6.1.2　集中荷重を受ける両端単純支持はり ····················· *71*
　6.1.3　等分布荷重を受ける両端単純支持はり ··················· *75*
　6.1.4　自由端に集中荷重を受ける片持ばり ····················· *77*
　6.1.5　等分布荷重を受ける片持ばり ························· *78*
6.2　せん断力と曲げモーメントの関係 ··························· *80*
6.3　面積モーメント法 ······································· *82*
演　習　問　題 ··· *84*

7　は り の 曲 げ 応 力

7.1　曲げ変形と曲げ応力 ····································· *86*
7.2　断面二次モーメントの性質 ······························· *89*
　7.2.1　平 行 軸 の 定 理 ································· *89*

7.2.2　典型断面形状に対する断面二次モーメント ···············*90*

演　習　問　題 ···*92*

8 は り の た わ み

8.1　たわみ曲線の微分方程式 ···································*94*

8.2　典型的なはりのたわみ ·····································*96*

　8.2.1　集中荷重を受ける両端単純支持はり ·······················*96*

　8.2.2　等分布荷重を受ける両端単純支持はり ·····················*99*

　8.2.3　自由端に集中荷重を受ける片持ばり ······················*101*

　8.2.4　等分布荷重を受ける片持ばり ···························*102*

8.3　不静定ばり（重ね合わせの原理）·····························*104*

演　習　問　題 ···*107*

9 組 合 せ 応 力

9.1　三次元体における応力とひずみ ·····························*108*

　9.1.1　三次元体における応力成分 ····························*108*

　9.1.2　三次元体における変位とひずみ成分 ·······················*109*

　9.1.3　三次元弾性体における応力とひずみの関係 ···················*110*

　9.1.4　弾性特性係数間の関係 ······························*111*

9.2　平面応力と平面ひずみ ·····································*114*

　9.2.1　平　面　応　力 ·································*114*

　9.2.2　平　面　ひ　ず　み ·····························*115*

9.3　主応力と主せん断応力 ·····································*115*

　9.3.1　軸力を受ける棒の傾斜断面上の応力 ·······················*115*

　9.3.2　平面応力に対するモールの応力円 ························*118*

演　習　問　題 ···*123*

10 ひずみエネルギー

10.1 棒の引張・圧縮 ……………………………………………… *124*

　10.1.1 一様断面棒の引張・圧縮 ………………………………… *124*

　10.1.2 断面積が変化する棒の引張・圧縮 ……………………… *126*

10.2 一様せん断を受ける平行六面体 ……………………………… *127*

10.3 軸 の ね じ り ………………………………………………… *128*

10.4 は り の 曲 げ ………………………………………………… *129*

演 習 問 題 …………………………………………………………… *131*

11 エネルギー原理

11.1 相 反 定 理 …………………………………………………… *133*

11.2 カスティリアノの定理 ………………………………………… *136*

11.3 カスティリアノの定理の応用 ………………………………… *137*

　11.3.1 棒 の 引 張 ………………………………………………… *137*

　11.3.2 ト ラ ス ………………………………………………… *139*

　11.3.3 軸 の ね じ り ……………………………………………… *142*

　11.3.4 は り の 曲 げ ……………………………………………… *143*

演 習 問 題 …………………………………………………………… *146*

12 柱 の 座 屈

12.1 オイラーの座屈荷重 …………………………………………… *147*

12.2 境界条件の影響 ………………………………………………… *150*

　12.2.1 両端回転支持柱 …………………………………………… *150*

　12.2.2 両端固定支持柱 …………………………………………… *150*

演 習 問 題 …………………………………………………………… *152*

13　材料力学に基づく強度評価

13.1　圧　力　容　器 …………………………………………………… *153*
　13.1.1　内圧を受ける円筒 …………………………………………… *153*
　13.1.2　内圧を受ける球形タンク ………………………………… *156*
13.2　3軸応力状態での主応力・主せん断応力 ……………………… *157*
　13.2.1　応力の不変量 ……………………………………………… *158*
　13.2.2　3軸応力状態に対するモールの応力円 ………………… *161*
13.3　降伏条件と相当応力 …………………………………………… *162*
　13.3.1　降伏がもたらす破損 ……………………………………… *162*
　13.3.2　降　伏　条　件 …………………………………………… *163*
13.4　応　力　集　中 ………………………………………………… *167*
　13.4.1　応力集中を考慮すべき場合 ……………………………… *167*
　13.4.2　一様引張を受ける円孔付き無限平板 …………………… *167*
　13.4.3　引張を受ける円孔付き帯板 ……………………………… *168*
　13.4.4　引張または曲げを受ける両側半円切欠き付き帯板 …… *169*
演　習　問　題 ………………………………………………………… *170*

演習問題略解 ……………………………………………………………… *171*
索　　　　　引 …………………………………………………………… *178*

1

材料力学を学ぶ準備

　機械は固体材料からなる部品が組み合わされてできている。例えば金属部品に小さい力を加えると，部品はわずかに変形し，力を除けば元の形状に戻る。力が大きすぎると部品の変形は完全には元に戻らなくなり，部品としての使用に支障をきたすようになる。このように，固体材料の変形や破損は，加える力の大きさに関係しているらしいことは経験的に理解されている。このため，材料にはたらく力をよく知ることが材料力学の出発点であり，その基本が力のつり合いである。

1.1　本書が取り扱う材料力学

　機械を構成する部品（**物体**（body））は金属などの固体材料から作られている。部品に弱い力を加えると小さい**変形**（deformation）を生じるが，力を取り除くと元の形に戻る。このように変形が元に戻る性質のことを**弾性**（elasticity）と呼ぶ。より強い力を加えると物体が大きく変形して，力を取り除いても元の形には戻らなくなる。元に戻らない変形のことを**塑性変形**（plastic deformation）という。また，物体中の点の位置の移動を**変位**（displacement）という。

　より大きな力を加えると物体が大きく変形し，部品としての使用に支障をきたすようになる。部品が所定の機能をはたせなくなることを**破損**（failure）といい，過大な塑性変形のほか，物体が二つに分かれる**破断**（rupture），力を増やさなくとも変形が進行する**崩壊**（collapse），き裂が発生し進展する**破壊**（fracture）などが破損にあたる。

　破損をもたらす力の大きさは物体を構成する材料や部品の寸法・形状によって異なり，同じ力に対しても破損しやすい部品としにくい部品とがある。こうしたことから，物体が受ける**力**（force）や**力のモーメント**（moment of force）（本書では単に「モーメント」というときは「力のモーメント」のことを指す）などの**負荷**または**荷重**（load）と，変形・破損との関係を調べることが**材料力学**（strength of materials または mechanics of materials）の目的といえる。「力学」であるから力の**つり合い**（equilibrium）が基本となる。

　本書で取り扱う材料力学は，工業高等専門学校や大学工学部で学ぶ標準的なカリキュラムを念頭に，変形が十分に小さく（**微小変形**（small scale deformation））, 変形が弾性的で塑性変形を生じない範囲での挙動をおもに取り扱う。実際の機械部品は，微小変形・弾性範囲におさまるように設計されるため，この範囲での検討で十分なことが多い。

　微小変形・弾性範囲の条件下では，物体は以下の性質を持つと考えられる。

（1）　物体が受ける荷重のつり合いを考えるうえでは寸法変化を無視できる。

（2）　荷重と変位は比例する。また，複数の荷重を受ける場合は，個々の荷重によって生じる変位を単純に加算したものが，複数の荷重を同時に受けるときの変位に等しい（**線形重ね合わせの原理**（principle of linear superposition））。

　このような条件を**線形弾性**（linear elastic）と呼ぶ。変形が無視できる物体を**剛体**（rigid body）と呼ぶ。微小変形を前提として，物体そのものは変形するが，つり合いを考えるときは物体を剛体として扱う。本書に示した事例や演習問題では特に断らない限り，変形は微小で弾性範囲とする。また，重力や大気圧の影響は無視できるとする。加速度による慣性力が無視しうる**静的問題**（static problem）として扱い，つり合い状態に置かれて静止している物体は運動を開始しないものとする。

1.2 力のベクトルの合成・分解

1.2.1 力のベクトルの合成

　力を表すには大きさだけでは不十分で，方向も示す必要がある。このため力の方向を矢印の向きで，力の大きさを矢印の長さで表現する**ベクトル**（vector）が用いられる。点（質点）で表せる程度に小さい物体（小物体）が力のベクトルを受ける状態を**図 1.1** に示す。

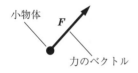

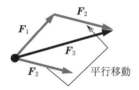

（ａ）　小物体にはたらく一つ
　　　の力のベクトル
（ｂ）　小物体にはたらく二つ
　　　の力のベクトル
（ｃ）　二つの力のベクトルと等価な
　　　一つの力のベクトル

図 1.1　力のベクトルの合成

　図（ａ）では，小物体が受ける力のベクトルは F だけであるため，小物体は F の方向に，小物体の質量と F の大きさに応じた加速度で並進運動する。図（ｂ）では小物体が二つの力のベクトル F_1 と F_2 を受けている。力のベクトルは，平行移動しても及ぼす影響は変わらないため，図（ｃ）のように F_2 を平行移動して F_1 につぎ足すことで，合成した力のベクトル F_3 ができる。このとき小物体は F_3 を単独で受ける場合と同じふるまいをする。F_3 は，二つのベクトル F_1 と F_2 の始点を一致させてできる平行四辺形の対角線の方向と長さを持つと考えてもよい。F_3 は F_1 と F_2 の合力という。

1.2.2 力のベクトルの分解

　合成とは逆に，一つの力のベクトルを任意の二つ以上の方向のベクトルに分解することもできる。**図 1.2**（ａ）のように，一つの作用点が一つの力のベクトル F_1 を受ける場合について考える。図（ｂ）のように，F_1 を対角線に持つ平行

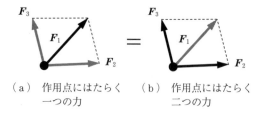

（a） 作用点にはたらく
一つの力

（b） 作用点にはたらく
二つの力

図 1.2　力のベクトルの分解

四辺形を描き，始点（作用点）が同じで平行四辺形の 2 辺の方向と長さを持つ
二つのベクトル，F_2 と F_3 がはたらく図（b）の状態でも作用点が受ける影響は
変わらない。このとき F_1 は F_2 と F_3 に分解されたという。

　ベクトルの分解は座標軸方向に行うと便利なことが多い。**図 1.3**（b）では xy
平面上で図（a）のベクトル F を，x 軸に沿う方向のベクトル F_x と y 軸に沿う
方向のベクトル F_y に分解している。F_x と F_y の大きさを F_x，F_y とし，F_x が正
の場合は F_x は x 軸の正方向を向き，負の場合は逆方向を向くものと決めてお
けば，x 方向の単位ベクトル（大きさが 1 のベクトル）を e_x，y 方向の単位ベ
クトルを e_y として図（c）のようにも表せる。また，F の向きが x 軸となす角を
θ_x，y 軸となす角を θ_y とすると，F の大きさを F として式(1.1)のようにも書
ける。

$$F = \begin{bmatrix} F_x \\ F_y \end{bmatrix} = F \begin{bmatrix} \cos\theta_x \\ \cos\theta_y \end{bmatrix} = F_x e_x + F_y e_y \tag{1.1}$$

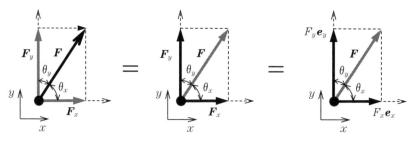

（a） 作用点にはたらく
一つの力

（b） x 方向と y 方向とに
分解された二つの力

（c） x 方向と y 方向の単位
ベクトルを用いた表記

図 1.3　座標軸方向への力のベクトルの分解

図 1.3 の分解を一般の三次元，xyz 空間に対して**図 1.4** のように考えてみる。ベクトル $\boldsymbol{F}$ の 3 成分を F_x, F_y, F_z, とすると，図 1.4 のように，$\boldsymbol{F}$ を対角線に持つ直方体の 3 辺の長さが 3 成分になる。この図より，$\boldsymbol{F}$ が x 軸，y 軸，z 軸となす角をそれぞれ θ_x, θ_y, θ_z, 三つの座標軸方向の単位ベクトルを $\boldsymbol{e}_x$, $\boldsymbol{e}_y$, $\boldsymbol{e}_z$ とすると，式(1.2) のように書ける。

$$\boldsymbol{F} = \begin{bmatrix} F_x \\ F_y \\ F_z \end{bmatrix} = \begin{bmatrix} \boldsymbol{F} \cdot \boldsymbol{e}_x \\ \boldsymbol{F} \cdot \boldsymbol{e}_y \\ \boldsymbol{F} \cdot \boldsymbol{e}_z \end{bmatrix} = F \begin{bmatrix} \cos\theta_x \\ \cos\theta_y \\ \cos\theta_z \end{bmatrix} = F_x\boldsymbol{e}_x + F_y\boldsymbol{e}_y + F_z\boldsymbol{e}_z \tag{1.2}$$

ここで $\cos\theta_x$, $\cos\theta_y$, $\cos\theta_z$ を**方向余弦**（direction cosine）と呼び，ベクトルの方向を表す。$\boldsymbol{F} \cdot \boldsymbol{e}$ は二つのベクトル，$\boldsymbol{F}$ と $\boldsymbol{e}$ の**内積**（inner product または dot product）を示す。

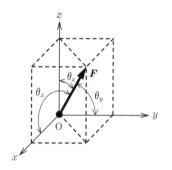 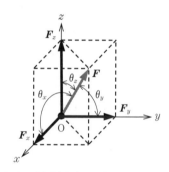

（a） xyz 空間中のベクトルと　　　（b） 座標軸方向に分解したベクトル
　　　方向余弦を定義する角

図 1.4 xyz 空間中で座標軸方向に分解した力のベクトル

1.3 力とモーメントのつり合い

1.3.1 力のつり合い

逆向きで大きさが等しい二つの力のベクトル $\boldsymbol{F}_1$ と $\boldsymbol{F}_2$ を受ける物体について考える。**図 1.5**(a)のように大きさが無視できる小物体であれば，二つの力のベクトルはつり合い，静止した小物体は並進運動を開始しない。

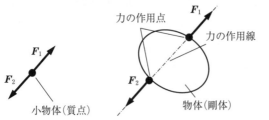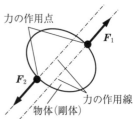

（a） 二つの力を受ける　　（b） 一直線上に並ぶ二つの　　（c） 作用線が一直線上にない
　　小物体　　　　　　　　　　力を受ける剛体　　　　　　二つの力を受ける剛体

図 1.5 二つの力を受ける小物体・剛体のつり合い

　大きさが無視できない物体（剛体）が，大きさが等しく向きが逆の二つの力のベクトルを受ける場合について考える。図（b）のように，二つの力のベクトルの作用線が一致する場合は，静止した物体は回転運動を開始しないが，図（c）のように作用線が一致しない場合は，一致する方向に回転する。

　物体にはたらく力のベクトルが F_1, F_2, F_3 の三つあるとき，これらの作用線が 1 点で交差し，三つのうち二つの力の合力が残りの一つの力とつり合うとき，物体はつり合い状態にある。**図 1.6** では，F_2 と F_3 の合力 F_4 が F_1 とつり合っている。

　xy 平面上で n 個の力のベクトル，$F_1, F_2, F_3, \cdots, F_n$ が物体にはたらいているとする。それぞれのベクトルを x 方向と y 方向とに分解し，$F_{1x}\boldsymbol{e}_x, F_{2x}\boldsymbol{e}_x, F_{3x}\boldsymbol{e}_x$,

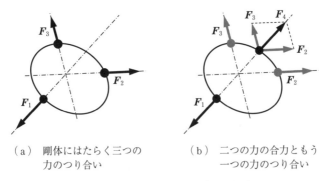

（a） 剛体にはたらく三つの　　　（b） 二つの力の合力ともう
　　力のつり合い　　　　　　　　　一つの力のつり合い

図 1.6 剛体にはたらく三つの力のつり合い

$\cdots, F_{nx}\boldsymbol{e}_x$ と $F_{1y}\boldsymbol{e}_y, F_{2y}\boldsymbol{e}_y, F_{3y}\boldsymbol{e}_y, \cdots, F_{ny}\boldsymbol{e}_y$ とすると，この物体がつり合い状態にあるとき，ベクトルの合計はゼロベクトルになり，式(1.3) が成り立つ。

$$\boldsymbol{F}_1 + \boldsymbol{F}_2 + \boldsymbol{F}_3 + \cdots + \boldsymbol{F}_n$$

$$= (F_{1x} + F_{2x} + F_{3x} + \cdots + F_{nx})\boldsymbol{e}_x + (F_{1y} + F_{2y} + F_{3y} + \cdots + F_{ny})\boldsymbol{e}_y = \begin{bmatrix} 0 \\ 0 \end{bmatrix}$$

$$(1.3)$$

式(1.3) から力のつり合い条件は，ベクトルの成分を用いて式(1.4) のように書ける。

$$\begin{cases} F_{1x} + F_{2x} + F_{3x} + \cdots + F_{nx} = \sum_{i=1}^{n} F_{ix} = 0 \\ F_{1y} + F_{2y} + F_{3y} + \cdots + F_{ny} = \sum_{i=1}^{n} F_{iy} = 0 \end{cases} \tag{1.4}$$

二次元に対する式(1.4) を三次元の xyz 空間に発展させると，式(1.5) となる。

$$\begin{cases} F_{1x} + F_{2x} + F_{3x} + \cdots + F_{nx} = \sum_{i=1}^{n} F_{ix} = 0 \\ F_{1y} + F_{2y} + F_{3y} + \cdots + F_{ny} = \sum_{i=1}^{n} F_{iy} = 0 \\ F_{1z} + F_{2z} + F_{3z} + \cdots + F_{nz} = \sum_{i=1}^{n} F_{iz} = 0 \end{cases} \tag{1.5}$$

1.3.2　モーメントのつり合い

図1.6 の例では力の作用線は1点で交差するとしたが，**図1.7** のように xy 平面上で物体が受ける二つの力，$\boldsymbol{F}$ と $-\boldsymbol{F}$ の作用線が一致しない場合について考えてみる。図では右手座標系をとり，紙面から垂直に出てくる方向に z 軸が定義されている。このように作用線が一致しない，平行かつ大きさが等しい逆向きの力を**偶力**（couple）という。偶力は物体に並進力を及ぼさないが，回転力を与える。

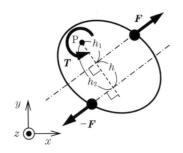

図 1.7 作用線が一致しない
二つの力と偶力

　図 1.7 で物体中の任意の位置に点 P をとり，点 P まわりのモーメントを考え
る。モーメントの大きさは回転中心から力の作用線までの最短距離（うでの長
さ）と力の大きさの積となる。モーメントには正負があり，回転軸方向に進む
右ねじの回転方向を正とする。図の例で z 軸を回転軸にとれば反時計回りが正
となる。点 P で物体の回転を止めるモーメント $\boldsymbol{T}$ とその大きさ T が定義でき，
モーメントがつり合う状態では式(1.6) が成立する。

$$T + Fh_1 - Fh_2 = T - Fh = 0 \tag{1.6}$$

　ここで h_1, h_2 は点 P から二つの作用線までの最短距離であり，h は二つの作
用線の最短距離である。$\boldsymbol{T}$ は z 軸に平行な軸まわりのモーメント（回転軸が明
確な場合は $\boldsymbol{T}$ のことを**トルク**（torque）と呼ぶ）で方向（回転軸方向）と大き
さを持つベクトルである。また，式(1.6) からモーメントのつり合い関係は回転
中心 P の位置によらないことがわかる。力のベクトルが三つ以上ある場合でも
ベクトルの合成により，最終的には二つの力の比較に持ち込めるため，この方
法で力のモーメントのつり合いが確認できる。

　xy 平面上に置かれた二次元体を考える。**図 1.8** のように物体が n 個の力，
$\boldsymbol{F}_1, \boldsymbol{F}_2, \boldsymbol{F}_3, \cdots, \boldsymbol{F}_n$ を受け，それぞれの力の作用点と任意の回転中心 O との距離
を $h_1, h_2, h_3, \cdots, h_n$，$\boldsymbol{F}_1, \boldsymbol{F}_2, \boldsymbol{F}_3, \cdots, \boldsymbol{F}_n$ の大きさを $F_1, F_2, F_3, \cdots, F_n$ とする。$\boldsymbol{F}_i$ が
もたらすモーメントの大きさを $M_i = F_i h_i$ とし，M_i は z 軸まわりを反時計回り
に回転させる方向を正として正負を取り入れれば，モーメントのつり合い条件
は式(1.7) となる。

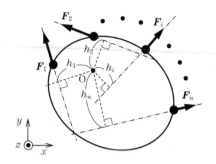

図 **1.8**　n 個の力を受ける剛体（二次元体）
におけるモーメント

$$M_1 + M_2 + \cdots + M_n = \sum_{i=1}^{n} M_i = 0 \tag{1.7}$$

三次元体の任意の軸まわりのモーメントは x 軸まわり，y 軸まわり，z 軸ま
わりの三つのモーメントに分解できる。この場合，F_i に起因するモーメントを
三つの軸まわりの成分に分解してその大きさを M_{ix}, M_{iy}, M_{iz} とすると，物体
が回転運動を開始しない条件は式(1.8) となる。

$$\begin{cases} M_{1x} + M_{2x} + M_{3x} + \cdots + M_{nx} = \displaystyle\sum_{i=1}^{n} M_{ix} = 0 \\[2mm] M_{1y} + M_{2y} + M_{3y} + \cdots + M_{ny} = \displaystyle\sum_{i=1}^{n} M_{iy} = 0 \\[2mm] M_{1z} + M_{2z} + M_{3z} + \cdots + M_{nz} = \displaystyle\sum_{i=1}^{n} M_{iz} = 0 \end{cases} \tag{1.8}$$

　物体が変形すると，力の作用点と回転中心との距離が変化するかもしれない
が，本書が扱う材料力学では寸法変化を微小と見なして，つり合いを考えるう
えでは物体の変形の影響を無視してよいと考える。

1.4　物体にはたらく荷重の種類

1.4.1　物体力と表面力

　物体に，物体の外からはたらく力を**外力**（external force）と呼ぶ。力やモー
メントなど物体にはたらきかけ，材料に力学的な負担をもたらす原因をまとめ

て荷重と呼んでいる。

　重力や磁気力のような例外を除き，物体に力を及ぼすためにはその物体に触れる必要がある。物体に触れる力は，普通は物体の表面にはたらくため**表面力**（surface force）と呼ぶ。重力や回転運動する物体にはたらく遠心力などの慣性力は物体に触れずとも力を及ぼすことができ，その力は物体の全体にはたらくため，**物体力**または**体積力**（body force）と呼ぶ。物体力は物体中の至るところにはたらくが，つり合いを考えるにあたり**重心**（center of gravity）に集中的にはたらく**集中荷重**（concentrated force，または point load）に置き換えてもよい。

　〔1〕　**物体力と重心**　　物体が重力を受ける場合を考える。簡単のため物体は，xy 平面上に置かれた**図 1.9** のような板厚が t，面積が A の平板とする。物体を構成する材料の質量密度を ρ，単位質量にはたらく重力加速度ベクトルを $\boldsymbol{g}$ とする。この物体を面積が dA の微小部分に分割すると，微小部分の体積 tdA が受ける重力の大きさ dW は $\rho g t dA$ となる。微小部分にはたらく重力 $d\boldsymbol{W}$ はどの位置でも鉛直下向き，$-y$ 方向を向いているため，物体の全体にはたらく重力 $\boldsymbol{W}$ の大きさ W は，dW をそのまま合計（面積分）すればよく，式(1.9) となる。

$$W = \int dW = \int_A \rho g t dA = \rho g t A \tag{1.9}$$

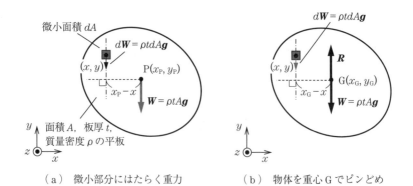

（a）　微小部分にはたらく重力　　　　　（b）　物体を重心 G でピンどめしたときのつり合い

図 1.9　重力がはたらく物体のつり合いと重心

また，任意の点 $P(x_P, y_P)$ をとると，位置 (x, y) の微小部分の重力がもたらす点 P まわりのモーメントの大きさ dT は $(x_P - x)\rho g t dA$ であるから，物体全体が受けるモーメントの大きさ T は式(1.10)となる。

$$T = \int dT = \int_A (x_P - x)\rho g t dA = \rho g t A x_P - \rho g t \int_A x dA \tag{1.10}$$

点 P が重心 $G(x_G, y_G)$ に一致するとき，この物体は回転しはじめないため，$T = 0$ であるから，式(1.11)が成立する。

$$x_G = \frac{\int_A x dA}{A} \tag{1.11}$$

座標軸と物体を一緒に 90° 回転させても同じ関係が成り立つため，y_G については式(1.12)となる。

$$y_G = \frac{\int_A y dA}{A} \tag{1.12}$$

物体を重心 G で，回転に対する摩擦が無視できるピンでとめたとき，ピンが物体に及ぼすトルクはゼロであるから，力のつり合いを考えると，図(b)のようになる。ピンが物体に及ぼす力は W と大きさが同じで逆向きの R となる。R は W に応じて，ピンから物体にはたらくため，**反力**（reaction force）と呼ぶ。

〔2〕　**物体が受ける典型的な荷重**　　本書で取り上げられる典型的な荷重（外力）を**図 1.10** に例示する。この図で(a)と(b)はまっすぐな棒を大きさが P の力で長手方向に引っ張る場合と圧縮する場合とを示しており，両者を合わせて**軸力**または**軸荷重**（axial load）と呼ぶ。軸力が引張のときは大きさを正，圧縮のときは負にすると決めておけば両者を区別なく取り扱える。軸力のみを受ける棒状の部品を**棒**（bar）と呼ぶ。

図(c)の例では，物体の上面に沿った方向にはたらく**せん断力**（shearing force）F を受けて，正面から見て長方形をなす物体が平行四辺形状に変形している。

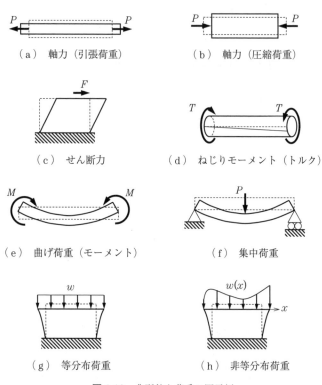

図1.10 典型的な荷重の図示例

　図（d）のように棒状の物体の長手方向に軸をもうけて，その軸まわりに回転させるモーメント T を与えると，軸はねじれて，軸の側面に引いた直線が軸に巻き付くように変形する。これを**ねじりモーメント**（torsional moment）またはトルクと呼ぶ。このようなねじれる変形を生じる棒状の部品を**軸**（shaft）と呼ぶ。

　棒状の物体が紙面に垂直な軸まわりに回転するモーメント（**曲げ荷重**（bending load））を受ける場合は，図（e）のように，紙面上で曲がる変形（**たわみ**（deflection））を生じる。このような棒状の部品を**はり**（梁（beam））と呼ぶ。

物体にはたらく荷重の形態によって呼び名が変わることもある。図（f）のような，1点に集中的にはたらくと見なす集中荷重や，図（g）の**等分布荷重**（uniformly distributed load），図（h）の**非等分布荷重**（non–uniformly distributed load）などが取り扱われる。二次元体の上面に荷重が分布する図（g）および図（h）の例では，荷重の大きさ w は単位長さ当りの値で与えられ，水平方向に x 軸をとれば，w は x の関数として表現される。

1.4.2　境界条件および反力・反モーメント

図 1.10（f）に示した両端を支える三角形の記号は，物体の外部から受ける拘束の種類を示している。図（g）および図（h）の斜線で示すハッチングは十分に広い剛体の床（または壁）の一部を表し，変形も移動もしないものとする。三角形の頂点は物体を1点で支えるため並進運動は止められるが，回転は止められない。図（f）の右側の三角形の下に付いた二つの丸はローラを表し，水平方向には自由に動けるが，垂直方向には動けないことを表す。これらの三角形の記号は反モーメントをもたらさないため，**単純支持**（simple support）と呼ぶことがある。

このような物体の移動（変位）や回転を制限する力学的条件を**拘束**（constraint）と呼ぶ。こうした記号で表される物体の拘束と物体が受ける荷重とを合わせて，**境界条件**（boundary condition）と呼ぶ。物体が移動や回転を拘束されているときは，物体を「止める力」として反力や反モーメントが物体にはたらいている。

典型的な拘束条件を**図 1.11** に例示する。図は簡単のため変形が xy 平面内にとどまる**面内変形**（in–plane deformation）についてのみ示している。図中にはそれぞれ左端部に対する x 方向の変位 u と反力 R_x，y 方向の変位 v と反力 R_y，および z 軸まわりの回転 θ と反モーメント M_c にもたらされる条件（ゼロか非ゼロか）を示している。図（e）の回転拘束では剛体（ハッチング部）を介して左端の回転のみを拘束している。これらの名称は慣例的なものであるが，記号からどのような拘束がなされているのかがわかるようになっている。

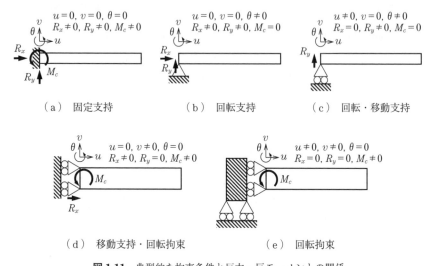

（a）　固定支持　　　　　（b）　回転支持　　　　　（c）　回転・移動支持

（d）　移動支持・回転拘束　　　　　（e）　回転拘束

図 1.11　典型的な拘束条件と反力・反モーメントの関係

1.4.3　自 由 物 体 図

　力学問題を解くとき，物体が受ける荷重と拘束の条件，すなわち境界条件を明らかにする必要がある。このため，荷重を矢印で，拘束を図 1.11 の記号を用いて表す境界条件図を描く。しかし，物体にとってすれば，物体にはたらく力が外力でも拘束による反力でも同じであるため，拘束の記号を描かずに，物体にはたらく荷重だけを図示すれば十分である。この図は物体が宙に浮いているように見えるため，**自由物体図**（free body diagram）と呼ぶ。

　〔1〕　**剛体壁から反力のみを受ける場合**　　　例をとって考えてみる。**図 1.12**(a)のような xy 平面に置かれた平板 ABCD があり，点 A は回転支持，点 B は回転・移動支持されている。いま，点 C で x 方向に荷重 **F** がはたらいた状態に対して自由物体図を描く。点 A にはたらく x 方向の反力を **R**$_{Ax}$，y 方向の反力を **R**$_{Ay}$，点 B にはたらく y 方向の反力を **R**$_{By}$ とすると，図(b)のようになる。ここでは，反力の方向は x 軸と y 軸の正方向を仮定している。

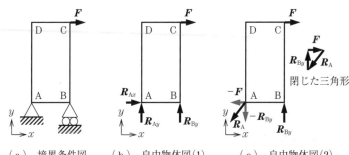

（a） 境界条件図　　（b） 自由物体図(1)　　（c） 自由物体図(2)

図 1.12 境界条件図から自由物体図を描く（集中荷重を受ける単純支持平板）

点 A にはたらく力は R_{Ax} と R_{Ay} の合力 R_A であるとすれば，R_A と R_{By} と F の三つの力はつり合っているはずであるから，図（c）中に示した閉じた三角形を作図できる。その結果，R_{Ax} は F と大きさが同じで向きが逆（$-x$ 方向），R_{Ay} は R_{By} と大きさが同じで向きが逆（$-y$ 方向），R_A は，直交する F と R_{By} が作る 2 辺を持つ直角三角形の斜辺の大きさを持ち，左下方向を向くことがわかる。

〔2〕 **剛体壁から反モーメントを受ける場合**　xy 平面に置かれた平板 ABCD の底辺 AB が床に固定された状態で，点 C に x 方向の集中荷重を受ける**図 1.13**（a）の状態を考える。固定された底辺には，x 方向の反力 R_x と y 方向の反力 R_y に加えて，反モーメント M_c がはたらくと考え，図（b）を描く。この

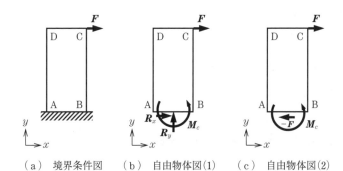

（a） 境界条件図　　（b） 自由物体図(1)　　（c） 自由物体図(2)

図 1.13 境界条件図から自由物体図を描く（集中荷重を受ける底辺固定平板）

段階では力の方向は気にせず，力については x 方向，y 方向を正とし，モーメントについては反時計回りを正としている。

さらにつり合いを考えると，y 方向の力は $\boldsymbol{R}_y$ のみであるから，$\boldsymbol{R}_y$ はゼロベクトルである。$\boldsymbol{R}_x$ は F とつり合うため，F と大きさが同じで向きが逆（$-x$ 方向）であることがわかる。さらに，底辺 AB 上の任意の点まわりのモーメントのつり合いを考えると，F が床に対して時計回りであるため，M_c は反時計回りであることがわかり，図（c）が描ける。

〔3〕　物体力を受ける場合　　物体力を受ける例として，**図1.14**（a）のように板厚が t，面積が A の平板 ABCD が xy 平面上で左端 DA を壁に拘束され，平板全体に重力を受ける場合を考える。平板の構成材料の質量密度は ρ，重力加速度は $\boldsymbol{g}$ とする。壁から受ける反力 $\boldsymbol{R}_{Ax}$，$\boldsymbol{R}_{Dx}$，$\boldsymbol{R}_{Dy}$ は図（b）のように表せ，これらが平板の微小面積 dA にはたらく重力 $\rho t dA\boldsymbol{g}$ の合計とつり合っている。重力は同じ方向を向いているので，これらをまとめて重心 G に $\rho t A\boldsymbol{g}$ がはたらくと考えることができ，図（c）が描ける。

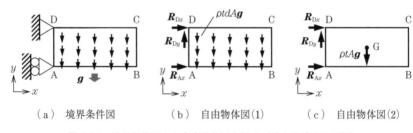

（a）　境界条件図　　　　（b）　自由物体図(1)　　　（c）　自由物体図(2)

図 1.14　境界条件図から自由物体図を描く（重力を受ける平板）

このようにして，自由物体図は拘束と荷重の条件を考えることにより，発生しうる反力・反モーメントを特定できる。そのうえで全体のつり合いを考えることにより，反力・反モーメントを求められる。

〔4〕　表面に分布する荷重を受ける場合　　**図 1.15**（a）のように，全長が l の細長い長方形平板が xy 平面上で水平に置かれ，右端が自由，左端が壁に固定されて上面に等分布荷重 w を受ける場合を考える。w は水平方向の単位長さ当りの荷重の大きさで与えられている。壁から受ける x 方向の反力の大きさを

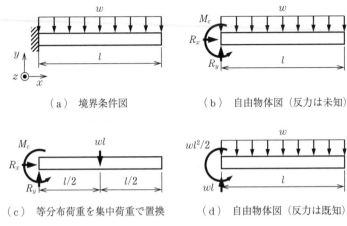

（a）　境界条件図　　　　　（b）　自由物体図（反力は未知）

（c）　等分布荷重を集中荷重で置換　　（d）　自由物体図（反力は既知）

図 1.15　境界条件図から自由物体図を描く（等分布荷重を受ける平板）

R_x, y 方向の反力の大きさを R_y，反モーメントの大きさを M_c とすると，図（b）のような自由物体図が描ける。この段階では反力・反モーメントは未知である。

　上面に分布する荷重 w が平板全体にもたらす荷重の大きさは wl となる。等分布荷重は，物体力と同様に，w と l が作る長方形の図心（左端から $l/2$ の位置）に加わる集中荷重で置き換えてよいと考えられ，図（c）が描ける。

　図（c）において力のつり合い，モーメントのつり合いを考えると，式(1.13)のように反力・反モーメントが求まり，図（d）のように反力・反モーメントが既知の状態に対する自由物体図が描ける。

$$R_x = 0, \qquad R_y = wl, \qquad M_c = \frac{wl^2}{2} \tag{1.13}$$

　静的な力学問題ではつり合いが基本となるため，今後の材料力学の学習にあたり適宜，自由物体図を描いて物体にはたらく力とモーメントの洗い出しを行うことが重要である。

コラム 1

ベクトルの外積と力のモーメント

図 1.8 のように，物体にはたらく力がもたらすモーメントの大きさは，力の作用線と回転中心との最短距離と力の大きさの積で表せるが，力をそのままベクトルとして扱い，モーメントをベクトルとして求めることができる。

図(a)のように，原点 O を始点として力の作用点を終点とする位置ベクトル $r_1, r_2, \cdots, r_i, \cdots, r_n$ を定義し，位置ベクトルを対応する力のベクトル $F_1, F_2, \cdots, F_i, \cdots, F_n$ と同じ方向になるまで反時計回りに回転させる角度をそれぞれ $\theta_1, \theta_2, \cdots, \theta_i, \cdots, \theta_n$ とすると，F_i に対するモーメントのベクトル M_i は，式(1)のように定義される。

$$M_i = r_i \times F_i = r_i F_i \sin \theta_i e_z \tag{1}$$

ここで，$r_i \times F_i$ は二つのベクトルの**外積**（vector product または cross product）であり，図(b)のように，二つのベクトルが定義される平面（ここでは xy 平面）に垂直な第 3 の座標軸（ここでは z 軸）の正方向を向く単位ベクトル e_z の方向を向き，ベクトルの大きさが図 1.8 の回転中心から作用線までの最短距離と F_i の積に一致するようになっている。角度 θ_i が π（180°）を超えると，M_i は $-z$ 方向を向く。また，モーメントのベクトルは力や加速度などの並進運動のベクトルと区別して，二重矢印で示している。

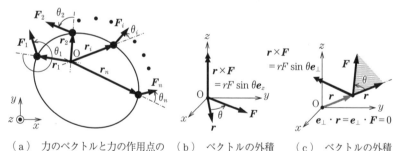

(a) 力のベクトルと力の作用点の　(b) ベクトルの外積　(c) ベクトルの外積
　　位置ベクトルによる評価　　　　（二次元）　　　　（三次元）

図 力のモーメントのベクトルと外積

一般の三次元空間（xyz 空間）では，図(c)のように，$r \times F$ は r と F を含む平面の法線方向 $e_\perp$ を向き，大きさは二つのベクトルが作る三角形の面積の 2 倍，$rF \sin \theta$ になる。

演 習 問 題

[1.1] **図 1.16** では細長い平板を xy 平面上で水平に置き，境界条件を与えている。図（a）～（c）では左端を壁に固定している。図（d）～（f）では左端を回転支持，右端を回転・移動支持（両端単純支持）としている。これらの物体に加わる荷重が図のように与えられたときについて自由物体図を描き，壁または支持点から物体が受ける反力・反モーメントの大きさと方向を求めなさい。

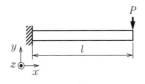

（a） 左端固定—右端自由
（自由端に集中荷重）

（b） 左端固定—右端自由
（自由端にモーメント）

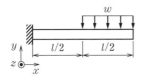

（c） 左端固定—右端自由
（右半分に等分布荷重）

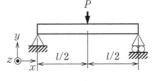

（d） 両端単純支持（中央に
集中荷重）

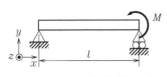

（e） 両端単純支持（右端に
モーメント）

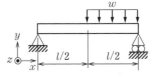

（f） 両端単純支持（右半分に
等分布荷重）

図 1.16 境界条件図から自由物体図を描く（細長い平板）

2 応力とひずみ

1章では物体の全体をとらえて，つり合いを考えるときは変形の影響は無視してよいとした。しかし，外力を受ける固体材料は小さいながらも変形を生じており，それが外力に抵抗する力を生じているため，外力を除くと元の形状・寸法に戻る。本章では，物体内部の様子を細かくとらえたときの変形のメカニズムを簡単なモデルで考察し，微小部分にはたらく力と変形の関係を読み解いていく。

2.1　仮想切断面上で一様に分布する応力

2.1.1　垂 直 応 力

弾性体を変形させると，元の形状・寸法に戻ろうとする力が発生する。金属材料でいえば，物体を構成する原子の間隔や並びが安定した状態から変わることで，安定した状態に戻そうとする力であり，これを**応力**（stress）と呼ぶ。

複雑に変形する物体の場合，応力は物体中の位置によって異なりうるが，簡単な形状で物体中に一様に分布すると見なせることがある。複雑に変形する物体でも，物体中の微小部分を取り出せば，微小部分内では応力が一様と見なせ，位置によって応力が異なる場合に対しても議論を発展させられる。

図 2.1（ a ）のような細長い棒の左端を壁に固定した状態で，右端を大きさが P の荷重でまっすぐ引っ張る場合を考える。軸力と直交する棒の断面積は A とする。棒に触れているものは右端の P と左端の壁だけであり，壁が P とつり合う力で棒を引きとめている必要がある。これより，図（ b ）の自由物体図のように，左端で壁が引きとめる力は水平左向きで大きさが P であることがわかる。

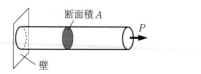

（a）　左端を固定し，引張荷重を受ける棒　　　（b）　自由物体図（棒全体）

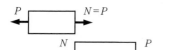
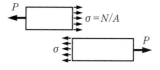

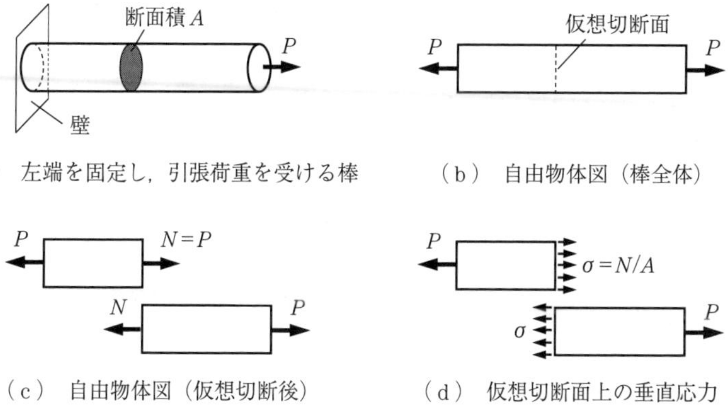

（c）　自由物体図（仮想切断後）　　　（d）　仮想切断面上の垂直応力

図 2.1　引張荷重を受ける棒の仮想切断面にはたらく内力と垂直応力

　つぎに，図（b）の**仮想切断面**（virtual cut surface）で仮想的に切断した状態を作図し，棒の左側部分が右側仮想切断面に，右側部分が左側仮想切断面に及ぼす力を考える。「仮想的に切断する」とは，切断面が見えるように図示するのであって，切断面の両側の二つの物体はたがいに結合したまま力を及ぼし合っている。その結果，図（c）のように左側部分は右側部分を水平左向きに引っ張り，右側部分は左側部分を水平右向きに引っ張っている。

　図（c）では二つの棒がたがいに引き合う力を N としている。この N は左右二つの仮想切断面を結合している力であり，物体内部に発生することから**内力**（internal force）と呼ぶ。作用反作用の法則により，二つの仮想切断面にはたらく内力は，逆向きで大きさが同じになる。

　金属では金属原子が規則的に，安定した間隔で並んでおり，一つ一つの原子は間隔が変わらないように引き合っている。逆に圧縮により，安定した間隔よりも距離が短くなると，隣接する原子を押し戻そうとする。内力に応じて図（d）の仮想切断面で一様に生じる引き合う（または押し戻す）力を**垂直応力**（normal stress）と呼び，慣例的にギリシャ文字の σ を用いて表す。

　内力は原子が引き合う力の合計であると考える。しかし，原子の並びは材料の種類によって異なり，数も膨大であるため，仮想切断面上に並ぶ原子一つ一つを考えなくとも，断面積と原子の数とが比例することを利用し，単位断面積

（1 mm² と考えて差し支えない）当りが受け持つ力で応力を表すことにすれば，式(2.1) が得られる。

$$\sigma = \frac{N}{A} \tag{2.1}$$

図（c）で，二つに（仮想的に）分断した棒はそれぞれがつり合っているため，N は棒を外から引っ張る荷重 P と等しく，$N = P$ であるため，式(2.2) が成立する。

$$\sigma = \frac{P}{A} \tag{2.2}$$

式(2.2) から，外力を断面積で割れば応力が計算されるように見えるが，原理的には式(2.1) のように，応力は内力に応じて発生する。逆に仮想切断面上の応力を合計（面積分）すると内力になる。断面形状が円形以外（例えば四角形）でも，断面の寸法に比べて棒の長さが十分に大きいときは同様に考えてよい。

引張荷重を加えると棒は細くなり，断面積 A は小さくなるため，いつの時点の A をとるかによって σ は変わりうる。しかし，通常機械部品が使用される線形弾性範囲では寸法変化が十分に小さく，断面積は荷重を加える前から変わらないと仮定できる。このように，変形による寸法変化を無視して定義される応力を**公称応力**（nominal stress）と呼び，材料試験の結果の整理や設計計算で問題なく使用されている。

2.1.2 せ ん 断 応 力

図 2.2（a）のような平板を切断する方向に荷重をかけた場合を考える。図（b）のように，上下から間隔をあけて，大きさが同じで向きが反対のせん断力 F がはたらくとすれば，F の作用線にはさまれた部分は図のように正面から見て平行四辺形状に変形する。変形後は安定した原子の並びから変化しているため，元に戻ろうとする応力が発生する。

このように，物体の角度を変えることで発生する応力を**せん断応力**（shear stress）と呼び，慣例的にギリシャ文字の τ で表す。変形している部分の中央

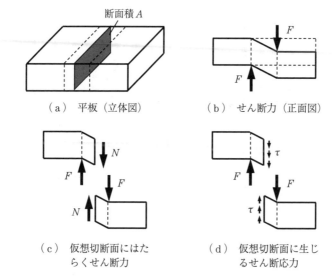

（a）　平板（立体図）　　　　　（b）　せん断力（正面図）

（c）　仮想切断面にはた　　　　（d）　仮想切断面に生じ
　　　らくせん断力　　　　　　　　　るせん断応力

図 2.2　平板の仮想切断面にはたらく内力とせん断応力

に想定した仮想切断面上のせん断力の大きさ N は，垂直方向のつり合いから F に等しく，また面積が A となる仮想切断面上で一様に分布していると考えられるため，単位面積当りのせん断応力 τ は式(2.3)となる。

$$\tau = \frac{N}{A} = \frac{F}{A} \tag{2.3}$$

2.2　微小部分のひずみと応力

2.2.1　垂直ひずみ

　金属製棒に対する図 2.1（d）の状態では，仮想切断面上に並ぶ原子は反対側の仮想切断面と結合し，棒が破断しないように断面どうしで力を及ぼし合っている。このことを微小部分中の原子レベルで模式的に考えてみる。実際の金属結合は三次元的に複雑に配列しているが，紙面上での説明のため，二次元平面上に**図 2.3**（a）のように単純化して考える。荷重を受けない自然な状態では，原子は安定した間隔で並んでいると考える。

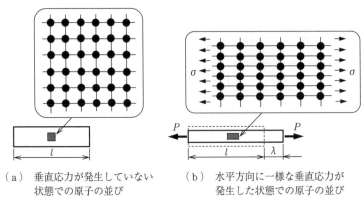

（a） 垂直応力が発生していない 　（b） 水平方向に一様な垂直応力が
　　　状態での原子の並び　　　　　　　　発生した状態での原子の並び

図 2.3 引張力を受ける棒の微小部分における垂直応力と変形

　長さが l の棒が水平方向に引張力を受ける場合について，内部の微小部分を
拡大して考える。荷重が加わる前の自然の状態では，図（a）のように原子間距
離が均等であったとすれば，引っ張った状態では図（b）のように一様な垂直応
力 σ が発生し，原子間の水平方向の間隔は長くなり，垂直方向の間隔は短くな
る。このときの棒の**伸び**（elongation）を λ とすると，原子間の水平方向の間
隔の変化の比率を ε として，式(2.4) が定義できる。

$$\varepsilon = \frac{\lambda}{l} \tag{2.4}$$

この長さの変化の比率 ε を**垂直ひずみ**（normal strain）と呼ぶ。こうして比率
で表すことで，l が異なる棒であっても原子間距離の変化を同等に評価できる。
垂直ひずみは慣例的にギリシャ文字の ε で表す。

　長さ l は引張力を増やすにつれて大きくなるが，棒全体の寸法変化は小さい
と見なし，基準となる長さ l は自然の長さのままとして定義したひずみを**公称
ひずみ**（nominal strain）と呼び，公称応力と組み合わせて使用される。

　ここでは，応力が引張となる場合について解説したが，圧縮の場合は応力に
負号を付けることとすれば，引張・圧縮の区別なく統一的に扱える。垂直ひず
みについても伸びる方向のひずみは正，縮む方向のひずみを負とすれば，引張
と圧縮とを区別することなく統一的に表せる。

2.2.2 せん断ひずみ

図 2.2 の状態について，微小部分での原子の並びの変化を考えてみる。せん断応力 τ が発生すると，**図 2.4** のように，正方形の微小部分が平行四辺形状に傾く。このときの傾きの程度は，図（ b ）のせん断変位 λ_s と直交する方向に基準となる長さ l をとって，式(2.5) で表せる。

$$\gamma = \frac{\lambda_s}{l} \tag{2.5}$$

このときの γ を**せん断ひずみ**（shearing strain）と呼び，慣例的にギリシャ文字の γ で表す。傾き角を θ とすると，微小変形であれば，$\tan \theta$ は rad で表した θ に近いため，式(2.6) とできる。

$$\gamma = \frac{\lambda_s}{l} = \tan \theta \simeq \theta \tag{2.6}$$

図（ b ）のようにせん断変形を受ける場合，対角に位置する原子間の距離は安定した距離から変化するため，元に戻ろうとする弾性力が発生する。また，微小部分の左右の面のせん断応力だけではモーメントが発生するため，上下の面

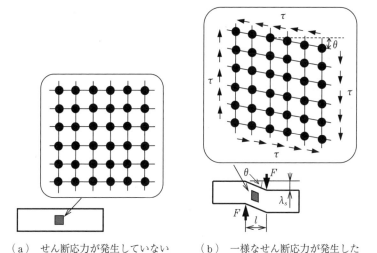

（ a ） せん断応力が発生していない　　（ b ） 一様なせん断応力が発生した
　　　状態での原子の並び　　　　　　　　　状態での原子の並び

図 2.4　せん断力を受ける幅広平板の微小部分におけるせん断応力と変形

にも同じ大きさのせん断応力が発生し、モーメントのつり合いを保っている。

2.2.3　塑 性 ひ ず み

　図 2.5（a）の状態からある限界を超えるほどの大きい荷重を与えると、図
（b）のように原子の並びが変わりうる。このような状態になると、荷重を除い
ても図（c）のように完全な元の状態には戻らなくなる。このような変形をもた
らすひずみを**塑性ひずみ**（plastic strain）と呼ぶ。引張を受ける棒における塑
性ひずみ ε_p は、荷重を除いた後の伸び λ_p から式(2.7) で与えられる。また、塑
性ひずみの発生によって物体の体積は変化しない。

$$\varepsilon_p = \frac{\lambda_p}{l} \tag{2.7}$$

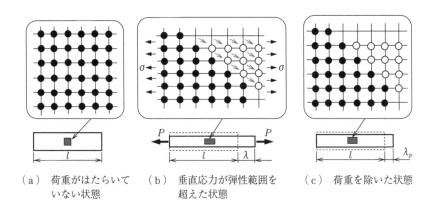

（a）　荷重がはたらいて　　（b）　垂直応力が弾性範囲を　　（c）　荷重を除いた状態
　　　　いない状態　　　　　　　　　超えた状態

図 2.5　塑性変形の模式的説明

2.2.4　熱 ひ ず み

　一般に、固体材料は温度を高くすると体積が増える。この現象を**熱膨張**
（thermal expansion）と呼ぶ。熱とは材料を構成する粒子の運動エネルギーで
あり、固体金属の場合は原子の振動に相当する。**図 2.6** に模式的に示すように、
原子の振動が激しくなると安定した原子間距離が長くなり、物体は膨張する。

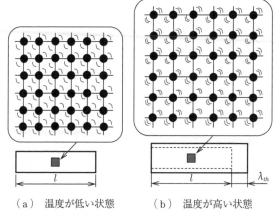

（a）　温度が低い状態　　　　　（b）　温度が高い状態

図2.6　熱ひずみの発生メカニズム

　等方性材料であれば，熱膨張は全方向に等しく生じるため，物体は相似形状を保ったまま寸法が大きくなる。自然の長さが l の棒の熱膨張による伸び（**熱伸び**（thermal elongation））が λ_{th} であったとすると，**熱ひずみ**（thermal strain）ε_{th} は式(2.8)で表される。

$$\varepsilon_{th} = \frac{\lambda_{th}}{l} \tag{2.8}$$

2.3　弾性範囲での応力とひずみの関係

2.3.1　軸力を受ける棒の縦ひずみと横ひずみ

　図2.7のように，荷重を受けないときの断面積が A，長さが l，直径が d の丸

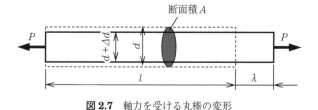

断面積 A

図2.7　軸力を受ける丸棒の変形

棒に軸力 P が加わり，棒の伸びが λ，直径の変化が Δd であったとすると，棒
には軸方向の垂直ひずみ（**縦ひずみ**（longitudinal strain））ε（$=\lambda/l$）のほか
に，応力方向と直交する方向のひずみ（**横ひずみ**（lateral strain））ε_d（$=\Delta d/d$）
が発生する。棒の変形が弾性範囲であれば，棒の軸方向垂直応力 σ（$=P/A$）
と縦ひずみ ε の間には，式(2.9) の比例関係がある。

$$\sigma = E\varepsilon \tag{2.9}$$

ここで，E は**縦弾性係数**（modulus of longitudinal elasticity）または**ヤング率**
（Young's modulus）と呼び，材料と温度が決まれば定まる**材料定数**（material
constant）である。式(2.9) は**フックの法則**（Hooke's law）と呼ばれる。

　横ひずみは縦ひずみに連動して定まり，式(2.10) に従う。

$$\varepsilon_d = -\nu\varepsilon \tag{2.10}$$

ここで，ν は**ポアソン比**（Poisson's ratio）と呼ばれる材料定数であり，慣例的
にギリシャ文字の ν で表す。右辺に負号が付いているのは，横ひずみが縦ひず
みとは逆方向に生じるためである。

　荷重から伸びを求めるには，式(2.11) が用いられる。

$$\lambda = \varepsilon l = \frac{\sigma l}{E} = \frac{Pl}{EA} \tag{2.11}$$

2.3.2　せん断力を受ける物体のせん断応力とせん断ひずみ

　図 2.4 のように，仮想切断面上で一様なせん断応力 τ を受けて，弾性範囲の
せん断ひずみ γ を生じたとすると，式(2.12) が成立する。

$$\tau = G\gamma \tag{2.12}$$

ここで，G は**横弾性係数**（modulus of transverse elasticity）または**せん断弾性
係数**（shear modulus）と呼び，式(2.12) もフックの法則である。

　詳しい理由は 9.1.4 項で後述するが，E と G と ν の間には式(2.13) の関係が
ある。

$$G = \frac{E}{2(1+\nu)} \tag{2.13}$$

コラム2

共役なせん断応力

　仮想切断面上に生じる応力は，面の方向と応力の方向に対して定義される。xyz 空間では，三つの座標軸を仮想切断面の法線方向とすると便利である。このため，応力の添え字は一般には二つあり，例えば τ_{xy} とは，x 軸を法線とする面上で y 方向を向いたせん断応力を意味する。x 軸を法線とする面上で x 方向を向いた垂直応力を σ_{xx} と表記することもあるが，σ_x としても混乱はないためこのように表記している。

　図のように，xy 平面上に置いた微小な長方形平板（板厚 t，横幅 dx，高さ dy）が x 軸を法線とする面でせん断応力 τ_{xy} を受けるとすると，y 方向のつり合いから，左右の二つの面に，大きさが等しく，方向が逆のせん断応力が発生する。上下の面では，大きさが等しく方向が逆の τ_{yx} が発生し，x 方向のつり合いを保っている。

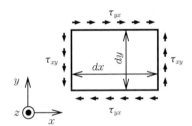

図　せん断応力を受ける微小平板

　さらに，この長方形平板におけるモーメントのつり合いを考えると，平板の左下点を中心とする z 軸まわりのモーメントのつり合いから，式(1)が得られる。

$$\tau_{xy}tdydx - \tau_{yx}tdxdy = 0 \tag{1}$$

これより式(2)が成立する。

$$\tau_{xy} = \tau_{yx} \tag{2}$$

　つり合った状態の物体中では，せん断応力は直交する方向に同時に発生し，その大きさは等しくなる。この性質を**共役**（conjugate）と呼び，その結果，二次元問題ではせん断応力は $\tau_{xy} = \tau_{yx}$ が一つだけ定まる。三次元問題ではせん断応力は $\tau_{xy} = \tau_{yx}$，$\tau_{yz} = \tau_{zy}$，$\tau_{zx} = \tau_{xz}$ の三つが定まる。

演 習 問 題

【2.1】 ヤング率が 210 GPa, ポアソン比が 0.300 の鉄鋼材料からなる, 直径が
8.00 mm, 長さが 900 mm の丸棒に引張荷重 12.0 kN を加えたとき, 棒の円形
断面に発生する応力, ひずみ, 棒の伸び, 直径の変化を求めなさい。

【2.2】 ヤング率が 74.0 GPa, ポアソン比が 0.330 のアルミニウム合金からなる, 1 辺
の長さが 13.0 mm の正方形断面棒（角棒）に引張荷重 10.0 kN を加えたとき,
棒の断面に発生する応力, ひずみ, 棒の伸び, 正方形断面の辺の長さの変化
を求めなさい。棒の全長は 800 mm とする。

【2.3】 長さが 100 cm, 直径が 10.0 mm の丸棒を 10.0 kN の軸力でまっすぐに引っ張っ
たとき, 610 μm 伸びて, 直径が 2.00 μm だけ小さくなった。ヤング率とポア
ソン比を求めなさい。

【2.4】 図 2.8 のように, 2 枚の剛体平板の間に銅板をはさんでしっかりと接着してい
る。この剛体平板を軸力 $P = 15.0$ kN で図のように左右に引っ張ったときに,
銅板に発生するせん断応力, せん断ひずみ, 剛体平板の変位 λ_s を求めなさ
い。銅板の厚さは 4.00 mm, 引張方向の長さは 16.0 mm, 奥行きは 10.0 mm と
し, 銅のヤング率は 130 GPa, ポアソン比は 0.340 とする。

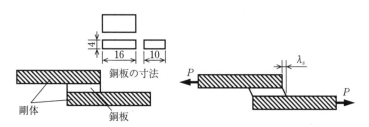

図 2.8　剛体平板にはさまれた銅板のせん断変形

3

材料試験と許容応力

　材料が破損する限界の応力を知るため，あるいはヤング率などの材料特性を求めるために，応力やひずみが計測しやすい単純形状の試験片を用いた材料試験が行われる。本章では，許容応力を定めるために行われる代表的な材料試験について解説する。試験の実際についてはインターネット上の動画公開サイトなどで確認するとよい。

3.1　引　張　試　験

3.1.1　引張試験と公称応力

　ヤング率などの基本的な材料特性や材料が耐えうる応力の限界を知るための基本的な方法が**引張試験**（tensile test）である。引張試験は材料の品質保証や設計に使用する基準応力を定めるために行われ，試験の方法は日本産業規格JIS で定められている（JIS Z2241「金属材料引張試験方法」）。

　金属材料の場合，丸棒または板状試験片が用いられ，断面積が一様と見なしうる平行部中に設定した標点間の伸びと，試験片が試験機を引っ張る軸力が測定される。引張試験片の一例を**図 3.1** に示す。標点間の伸びを初期の**標点間距**

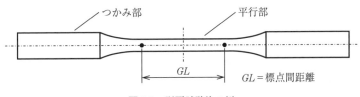

図 3.1　引張試験片の例

離（gauge length：GL）*GL* で割れば，公称ひずみが得られる。軸力を原断面積
で割れば公称応力が得られるため，公称応力—公称ひずみの関係線図（**応力—
ひずみ曲線**（stress–strain curve）または**引張曲線**（tensile curve））は，試験
データから直接得られる。典型的な軟鋼の室温引張試験で得られる応力—ひず
み曲線を**図 3.2** に例示する。

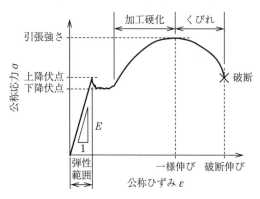

図 3.2　応力—ひずみ曲線の例

図から以下がわかる。

（1）　応力が十分に低いとき，応力とひずみは比例し，フックの法則が成り
立つ。

（2）　応力とひずみが比例する直線区間（弾性線），弾性範囲が存在する。

（3）　応力とひずみの比例関係が失われる限界の応力が存在し，**比例限度**
（limit of proportionality）と呼ぶ。

（4）　弾性範囲を逸脱し，明確な塑性ひずみが発生しはじめる点を**降伏点**
（yield point）と呼ぶ。高い降伏点（**上降伏点**（upper yield point））が
現れた後，応力が低下し，応力の極小（**下降伏点**（lower yield point））
が見られることがある。

（5）　さらに試験片を引っ張り続けると，非線形的に応力が増加する（**加工
硬化**（work hardening））。

（6）　さらに応力を増加させると，軸力が最大値に達する。この最大荷重到達時における公称応力を**引張強さ**（ultimate strength または tensile strength）と呼ぶ。

（7）　さらに伸びを増加させると，試験片の中央付近に**くびれ**（necking）を生じ，公称応力は減少し，最終的には破断する。

引張試験から得られるおもな情報は，以下のようになる。

〔1〕**ヤ ン グ 率**　　直線と見なしうる部分（弾性線）の勾配から，ヤング率 E が求められる。

〔2〕**降伏点または耐力**　　材料によっては，**図3.3**のように降伏点が不明確なことがある。この場合，除荷時の塑性ひずみ ε_p が 0.002（0.2 %）となる点を通り，〔1〕で定義した弾性線と平行な直線を引き，引張曲線との交点に相当する応力値，**耐力**（proof strength）を求める。この耐力は設計で参照する**降伏強さ**（yield strength）に用いる。

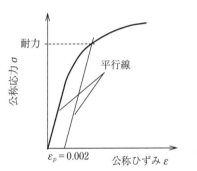

図3.3　耐力の決定方法

〔3〕**引 張 強 さ**　　引張強さは，当該材料が受けることができる公称応力の最大値であり，降伏強さとともに許容応力を定める指標（基準強度）の一つになる。

〔4〕**破 断 伸 び**　　破断する瞬間の伸びを計測することは，破断の衝撃で計測装置を破損することがあるため，普通は行われず，試験後に破断した試験片をつなぎ合わせて破断時の標点間距離 l_f を推定し，試験前の l_0 と比較する。**破断伸び**（rupture elongation）は，材料が耐えうる伸びの情報を与える。

よく伸びる性質のことを**延性**（ductility）という。破断伸び δ は，式(3.1) で定義され，慣例的に公称ひずみをパーセントで示す。

$$\delta = \frac{l_f - l_0}{l_0} \times 100 \tag{3.1}$$

延性が低い材料（**脆性材料**（brittle material））は微小な欠陥が強度に影響したり，急速なき裂の進展を伴う破壊が生じ，危険性が高いため，延性が高い材料（**延性材料**（ductile material））が好まれる。室温の破断伸びが 10 ％以上あることが延性材料の目安とされる。

〔**5**〕**破　断　絞　り**　　ねばり強い材料は明瞭なくびれを生じる。破断時のくびれも，材料の延性に関する情報を与える。くびれの程度を表したものが**破断絞り**（reduction of area）ϕ で，破断後のくびれ部断面積 A_f と試験前断面積 A_0 により式(3.2) で定義され，慣例的にパーセントで表示される。

$$\phi = \frac{A_0 - A_f}{A_0} \times 100 \tag{3.2}$$

これらのうち，ヤング率は基本的な弾性理論に基づく変形の解析に使用し，降伏強さと引張強さは許容引張応力の決定に使用する。

実際に引張試験を体験するとよいが，インターネット上の動画公開サイトでも各種の材料試験の動画が視聴できる。

3.1.2　真応力と真ひずみ

引張試験において，引張強さに到達する頃には，断面積や標点間距離の変化は無視できない程度に生じているため，公称応力や公称ひずみの考えに無理が生じる。このため，応力やひずみを評価する瞬間の断面積や標点間距離に基づく**真応力**（true stress）や**真ひずみ**（true strain）が用いられることがある。**図 3.4**(a)に示すように，試験前の無応力・無ひずみ時における断面積と標点間距離が A_0 と l_0 であった試験片平行部が，試験中には軸力 P を受けて A_t と l_t に変化したとする（図(b)）。この場合の公称ひずみ ε と公称応力 σ は式(3.3)，(3.4) となる。

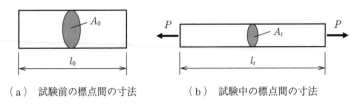

（ａ）　試験前の標点間の寸法　　　　（ｂ）　試験中の標点間の寸法

図 3.4　引張試験中の標点間の寸法変化

$$\varepsilon = \frac{l_t - l_0}{l_0} \tag{3.3}$$

$$\sigma = \frac{P}{A_0} \tag{3.4}$$

真応力 σ_t は，荷重を受けて変化した断面積を考慮した応力であり，式(3.5)となる。

$$\sigma_t = \frac{P}{A_t} \tag{3.5}$$

断面積減少や標点間距離増加の影響が無視できなくなるのは，塑性ひずみが弾性ひずみを大きく上回ったときと考えられる。塑性ひずみは体積変化をもたらさないため，標点間にある試験片の平行部の体積を一定とする式(3.6)が成立する。

$$A_0 l_0 = A_t l_t \tag{3.6}$$

これを式(3.5)に代入すると，式(3.7)を得る。

$$\sigma_t = \frac{P}{A_t} = \frac{P}{A_0} \times \frac{A_0}{A_t} = \sigma \times \frac{l_t}{l_0} = \sigma \times \left(\frac{l_0}{l_0} + \frac{l_t - l_0}{l_0} \right) = \sigma(1 + \varepsilon) \tag{3.7}$$

試験中のある時刻点における標点間距離が x で，その時刻点から微小時間の経過後に $x + dx$ に変化したとする（**図 3.5**）。その微小時間中の真ひずみ ε_t の増分 $d\varepsilon_t$ は式(3.8)となる。

$$d\varepsilon_t = \frac{dx}{x} \tag{3.8}$$

標点間距離が l_t になった時点では，こうした $d\varepsilon_t$ が蓄積して ε_t に達するため，

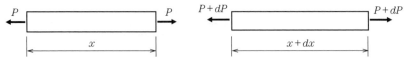

（ａ）　試験中の標点間距離　　　（ｂ）　（ａ）の状態からわずかに伸びが進んだ状態

図 3.5　引張試験中の微小時間の経過による標点間距離の変化

増分 $d\varepsilon_t$ を $x = l_0$ から l_t まで積分することで，式(3.9)のように ε_t を求められる。

$$\varepsilon_t = \int d\varepsilon_t = \int_{l_0}^{l_t} \frac{dx}{x} = [\log_e x]_{l_0}^{l_t} = \log_e\left(\frac{l_t}{l_0}\right)$$

$$= \log_e\left(\frac{l_0}{l_0} + \frac{l_t - l_0}{l_0}\right) = \log_e(1 + \varepsilon) \tag{3.9}$$

ここで，$\log_e$ は自然対数である。

　真応力・真ひずみは，線形弾性の範囲からの逸脱を許容しない通常の機械設計ではあまり用いられない。しかし，塑性加工やゴム製品など大変形の考慮が重要な場合には真応力・真ひずみが用いられる。一方，微小変形を仮定して導かれた設計公式や，公称応力に基づく許容応力などが問題なく用いられており，塑性変形が生じている条件下でも公称応力・公称ひずみの使用が望ましい場合がある。

3.2 疲 労 試 験

　荷重を１回与えただけでは破損しなくとも，荷重の増減を繰り返すうちに**き裂**（crack）が発生し，き裂が無視しえない程度に大きく進展して部品の機能に支障を与えることがある。このような現象を**疲労**（fatigue）と呼ぶ。その場合，設計上想定される荷重の繰返し回数に応じて，許容されうる応力の変動範囲を制限することになる。このために，一定の応力変動を繰り返して破損させる試験を多数行い，応力変動の大きさと破損までの繰返し回数の関係を求める**疲労試験**（fatigue test）が行われる。

　疲労試験では，正弦波など一定の振幅の応力変動を試験片に繰り返し加え
て，破損するまでの回数（**破損繰返し数**（number of cycles to failure）または**疲
労寿命**（fatigue life））を計測する。典型的な応力波形を**図 3.6**(a)に例示する。
この場合の応力変動は**荷重制御型**（load controlled）の条件で与えられる。応力
波形の条件設定には，**平均応力**（mean stress）と**応力振幅**（stress amplitude）
が与えられる。最大応力と最小応力の差による**応力範囲**（stress range）も用い
られる。塑性の影響が小さく，破損繰返し数が多い場合は**高サイクル疲労**
（high cycle fatigue）と呼ぶ。高サイクル疲労では，平均応力が高いと疲労寿命
が短くなる傾向がある。

　応力振幅の異なる試験を複数実施して，それぞれに対して得られた疲労寿命
と応力振幅の関係を**図 3.7** に示す。図のように応力振幅と破損繰返し数は両対

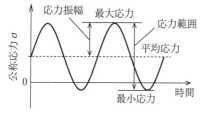

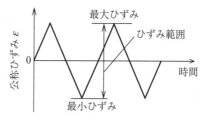

（a）　応力制御疲労試験における応力波形　　（b）　ひずみ制御疲労試験におけるひずみ
　　　　　　　　　　　　　　　　　　　　　　　　　　波形

図 3.6　疲労試験における荷重波形の例

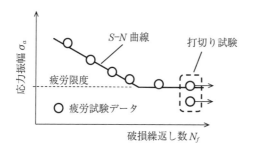

図 3.7　応力制御疲労試験における疲労線図の例

数紙上でほぼ直線を示し，ある限界以下の応力振幅では破損繰返し数が急激に大きくなる。この限界を**疲労限度**（fatigue limit）と呼び，車軸の回転に伴う応力変動など，応力の繰返し数が膨大になる場合や回数の想定が難しい場合の許容応力の決定に用いられる。疲労試験データを近似した曲線（図 3.7 では両対数紙上の折れ線）を**疲労線図**（fatigue curve）または ***S–N* 線図**（*S–N* diagram）と呼び，設計に使用する。試験の繰返し数が多いと試験期間が長くなり，経済的に見合わないことから破損前に試験を打ち切ることがある。

　弾性範囲を超える応力の変動は，通常の設計では望ましくないが，穴の縁の応力集中や熱応力など，限定されたせまい体積中では，弾性範囲からの逸脱が許容されることがある。弾性範囲を超えると疲労寿命は急激に短くなり，破損繰返し数が少ないことから**低サイクル疲労**（low cycle fatigue）と呼ばれる。

　低サイクル疲労試験における試験荷重は，三角波形のひずみ変動で制御される（**ひずみ制御**（strain-controlled），図 3.6(b)）。試験結果も**ひずみ範囲**（strain range）と破損繰返し数の関係で整理される。ひずみ制御試験では試験片の完全な破断は生じにくく，繰返し負荷が安定した状態（通常は疲労寿命の約 1/2）から，最大荷重が 25 ％低下した時点を疲労寿命と定義する。

3.3　クリープ試験　

　引張強さを下回る応力であっても，高温で長時間の負荷が継続すると原子の並びの乱れが蓄積して，応力方向へのひずみをもたらし，最終的には破断する。この現象を**クリープ**（creep）と呼ぶ。また，クリープによって生じる永久ひずみを**クリープひずみ**（creep strain）と呼ぶ。

　材料のクリープに対する強度を評価するために**クリープ試験**（creep test）が行われる。クリープ試験では，試験片に一定温度のもと一定の引張荷重を与え，破断までの時間（**クリープ破断時間**（creep rupture time））を計測する。標点間距離の変化を計測し，クリープひずみが記録される。典型的なクリープひずみと時間の関係（**クリープひずみ曲線**（creep strain curve））を**図 3.8** に例

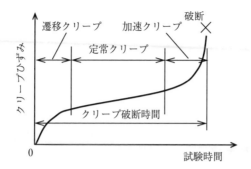

図 3.8　典型的なクリープひずみと時間の関係線図
（クリープ曲線）

示する。

　図のように，クリープは試験開始直後のクリープひずみの速度が遅くなる
（材料が硬くなる）**遷移クリープ**（(transient creep)，または第 1 期クリープ
(primary creep)），ほぼ一定速度で安定的にひずみが進行する**定常クリープ**
（(steady state creep)，または第 2 期クリープ (secondary creep)），最後にひず
み速度が急増し破断に至る**加速クリープ**（(accelerated creep)，または第 3 期
クリープ (tertial creep)）に区分される。

　試験応力が異なる試験を複数実施し，得られたクリープ破断時間 t_R と試験応
力 σ の関係を両対数紙上にプロットして**図 3.9** に概念的に示す。試験データを
近似する曲線は**クリープ破断曲線**（creep rupture curve）と呼ばれる。長時間
使用する材料のクリープ破断曲線を得るためには，試験時間が長くなり経済的

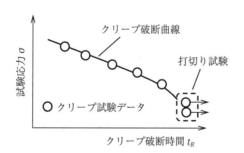

図 3.9　試験応力とクリープ破断時間の関係
（クリープ破断曲線）

でないため，通常は温度または応力を実際の使用条件よりも高くして，短時間で試験データを得る加速試験が行われる。

3.4 安全率と許容応力

　機械設計では，機械の使用条件，使用期間を考慮したうえで，破損を生じないよう応力（**使用応力**（working stress））を制限する。塑性による過大な永久変形，き裂の発生および進展による破壊，引張やクリープによる破断などが設計上想定すべき**破損モード**（failure mode）と考えられる。破損モードに応じて許容しうる応力，**許容応力**（allowable stress）を定める。使用応力は許容応力以下に制限される。

　実用的には比較的簡単に実施できる引張試験に基づき，引張強さと降伏強さ（耐力）に対してそれぞれ**安全率**（safety factor）を想定し，許容引張応力を定めることが多い。これは，降伏強さを超える応力がはたらくことで過大な塑性変形を生じ，微小変形を前提とした各種の設計公式の妥当性が失われることを防止すると同時に，致命的な破壊をもたらす引張破断に対して十分な余裕を持つとの意味がある。

　二つの基準の両方を満足するため，二つの基準から得られた許容応力の候補に対して，小さいほうをその材料の**許容引張応力**（allowable tensile stress）とする。この場合，引張強さ S_u に対する安全率を Z_u，降伏強さ S_y に対する安全率を Z_y とすると，許容引張応力 σ_a は式(3.10) で定められる。

$$\sigma_a = \min\left(\frac{S_u}{Z_u}, \frac{S_y}{Z_y}\right) \tag{3.10}$$

例えば，「圧力容器の設計（JIS B 8267）」の場合，$Z_u = 4$，$Z_y = 1.5$ とされる。

　このほか，火力発電用ボイラなど高温で長時間使用される部品の場合は，想定使用時間に応じて定まるクリープ破断強さなども考慮される。応力変動の繰返しが想定される場合は，繰返し数に応じた応力振幅の制限が課されることがある。

ねじりを受ける動力軸など，せん断応力による破壊が想定されるときに用いる許容せん断応力は，許容引張応力を基準に定める。例えば，降伏挙動に対する理論的考察（13.3 節参照）に基づき，許容引張応力の 0.5〜0.58 倍を許容せん断応力とする方法がとられる。

3.5 断面平均応力に基づく設計

　機械部品の断面上で完全に一様な応力がはたらくことはあまりなく，一般には応力は分布する。しかし，塑性変形が十分に進行した後に破断するような場合は，破断面上の応力の分布は一様に近づく性質（**応力再配分**（stress redistribution））があるため，応力の断面平均を指標とした設計がなされることがある。そのような例として，リベット継手の設計を取り上げる。

　図 3.10 に示すような 2 枚の円孔付き平板を 1 本のリベットで締結し，平板長手方向に荷重 P で引っ張る場合を考える。平板は同じ形状・寸法で板厚が t，長さが l，板幅が b であり，荷重を受けない端部から a だけ内側に入った位置

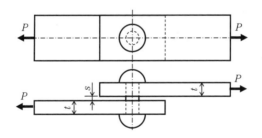

（a）　リベットで結合された 2 枚の平板

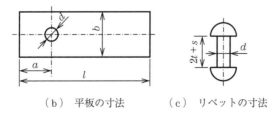

（b）　平板の寸法　　（c）　リベットの寸法

図 3.10　リベット継手の組立図・部品図

を中心として直径 d の円孔があけられている。リベットは直径が d で，平板の円孔とすき間なくぴったりはまるとするが，摩擦の影響は無視する。リベットの長さは $2t+s$ で，2 枚の平板の間にはわずかにすき間 s が生じているとする（実際の機械部品では円孔の縁に面取りが施されているため，板と板がすき間なく接触していてもリベットに板が触れていない部分がある）。

　設計で着目する応力を求める仮想切断面は，部品の破断が起こりうる位置（想定破断面）に置く。破断面として複数の候補がある場合はそれぞれ応力を求め，それぞれ許容応力を超えないことを確認する必要がある。

　まず，リベット継手を構成する部品に対する自由物体図を描く。**図 3.11**（ a ）のように，1 枚の平板には右端で荷重 P を受けるのは題意の通りとし，リベットと強く接する円孔の内側の面から反力 P を受けてつり合っていると考えられる。もう 1 枚の平板も同様である。リベットについては図（ b ）のように，上部の平板から接触反力 P を水平右向きに受け，下部の平板からは大きさが同じ接触反力 P を水平左向きに受けてつり合っている。

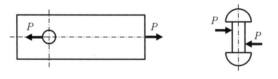

（ a ）　平板の自由物体図　　　（ b ）　リベットの自由物体図

図 3.11　部品ごとの自由物体図

　つぎに，リベットがせん断破壊するときの変形を推定する。平板に接している円筒の部分の変形は無視でき，すき間部が**図 3.12**（ b ）中の拡大図のように正面から見て平行四辺形状に変形すると考えられる。

　このことを踏まえて，図（ a ）のようにリベットの中央付近を上下 2 箇所の仮想切断面によって取り出し，三つの領域に分解したリベットに対する自由物体図を描くと，図（ b ）のようになる。図（ b ）で，平板のすき間に位置する平行四辺形状に変形する部分の上下にはせん断応力 τ が生じていることがわかる。このことから，せん断破壊する箇所が受けるせん断力は P で，τ は円形断面上

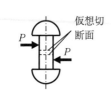
（a） すき間上下境界
の仮想切断面

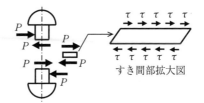
（b） リベットを三つに分けた部分に対する
自由物体図

図 3.12 リベットのせん断破断を想定した自由物体図

で均一と考えてよい。その結果，断面積が A のリベットに生じる一様なせん断
応力 τ は式(3.11) で評価できる。

$$\tau = \frac{P}{A} = \frac{4P}{\pi d^2} \tag{3.11}$$

この場合，τ が許容せん断応力 τ_a に達したとき，リベットがせん断破壊すると
考える。

つぎに，平板が引張破断する場合を考える。引張破断は板幅が最もせまい部
分で生じると考えられ，最もせまい円孔中心線上で平板を仮想的に切断する
と，**図 3.13** のようになる。この図のように，上下の対称性から，円孔を除いた
部分の上側（幅が $(b-d)/2$）が受ける荷重は $P/2$ であるから，板厚が t である
ことを考慮して，平均引張応力 σ は式(3.12) で評価できる。

$$\sigma = \frac{P/2}{t(b-d)/2} = \frac{P}{t(b-d)} \tag{3.12}$$

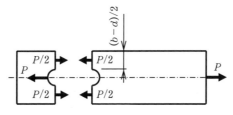

図 3.13 平板の引張破断を想定した自由物体図

コラム3

ひずみ増分の加算性

初期長さが L_0 の棒を長さ L まで引っ張る過程を n 個の細かい増分 Δl_i に分けて,ひずみが増える様子を考えてみる。i 番目の変位増分を生じた時点における棒の長さが l_i であったとすると,真ひずみの増分 $\Delta \varepsilon_{ti}$ は $\Delta l_i / l_{i-1}$ であるため,n を十分に増やしていくと,最終的な真ひずみ ε_t は式(1) となる。

$$\varepsilon_t = \lim_{n \to \infty} (\Delta \varepsilon_{t1} + \Delta \varepsilon_{t2} + \cdots + \Delta \varepsilon_{tn})$$

$$= \lim_{n \to \infty} \left(\frac{\Delta l_1}{l_0} + \frac{\Delta l_2}{l_1} + \cdots + \frac{\Delta l_n}{l_{n-1}} \right) = \int_{L_0}^{L} \frac{dl}{l} = \log_e \left(\frac{L}{L_0} \right) \tag{1}$$

これは式(3.9) と一致し,真ひずみは増分ごとに加算しても,最終状態の伸びに基づいても同じものが得られる。

つぎに微小変形を仮定し,棒の長さが L_0 のまま変わらないとし,公称ひずみの増分 $\Delta \varepsilon_i$ を順次加算していくと,最終状態における公称ひずみ ε は式(2) となる。

$$\varepsilon = \lim_{n \to \infty} (\Delta \varepsilon_1 + \Delta \varepsilon_2 + \cdots + \Delta \varepsilon_n)$$

$$= \lim_{n \to \infty} \left(\frac{\Delta l_1}{L_0} + \frac{\Delta l_2}{L_0} + \cdots + \frac{\Delta l_n}{L_0} \right) = \frac{L - L_0}{L_0} \tag{2}$$

これは式(3.3) と一致し,やはり増分ごとに加算しても,最終状態の伸びに基づいても同じ公称ひずみが得られる。

このように,公称ひずみは微小変形が仮定されている場合に,真ひずみは長さの変化を無視しない場合に加算性を有する。しかし,微小変形を仮定した場合に真ひずみを用いると加算性が失われる。有限要素法で弾塑性解析を行う際には,増分ごとに形状・寸法を更新する**大変形解析**（large deformation analysis）と更新しない微小変形解析のいずれかを選べることが多く,ひずみの定義と組み合わせて使い分ける必要がある。

つねに真ひずみを用いた大変形解析を行えば問題なさそうであるが,許容引張応力の根拠となっている引張強さは公称応力で定義され,整合性に問題が生じる。また,大変形解析では線形重ね合わせの原理が成立しないことに注意を要する。

もう一つのケースとして，a が短く，平板がせん断破壊する場合を考える。その場合に想定されるせん断破壊箇所を仮想切断面として**図 3.14** が描ける。ここでは，長さ a，板厚 t の面積にせん断力 $P/2$ がはたらくことから，平均的なせん断応力 τ として式(3.13) が導ける。

$$\tau = \frac{\dfrac{P}{2}}{at} = \frac{P}{2at} \tag{3.13}$$

式(3.13) の τ を τ_a と比較すればよい。

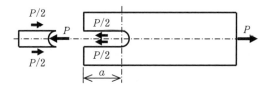

図 3.14　平板のせん断破断を想定した自由物体図

演　習　問　題

【3.1】 インターネット上の動画公開サイトで引張試験，疲労試験，クリープ試験の動画を探し，視聴しなさい。

【3.2】 一般構造用圧延鋼板 SS400 の規格上の最小引張強さは 400 MPa，最小の耐力は 245 MPa とされる。降伏強さに対する安全率を 1.50，引張強さに対する安全率を 3.00 とするとき，許容引張応力を求めなさい。

【3.3】 許容引張応力が 120 MPa の鉄鋼材料から 1 辺の長さが 4.00 mm の正方形断面棒を製作し，まっすぐに引っ張るときの許容軸力を求めなさい。

【3.4】 図 3.10 のリベット継手でリベットのせん断破壊を想定し，許容荷重 P を求めなさい。リベットの直径は 10.0 mm，リベット材料の許容引張応力は 120 MPa とし，許容せん断応力は許容引張応力の 0.577 倍とする。

軸力を受ける棒

　長い部品（棒）を長手方向にまっすぐ引っ張るとき，長手方向に垂直な仮想切断面では，垂直応力がほぼ一様に発生し，長手方向に伸びが生じる。部品はまっすぐに引っ張ったとき高い強度を発揮する。例えば，引張強さが400 MPa の軟鋼で製作した直径 10 mm の丸棒 1 本は約 3.2 t の重力に耐える。本章では，さまざまな条件で使用される棒について応力とひずみ，伸びを検討する。

4.1　段付き丸棒

　細長い棒状の部品が長手方向の荷重（軸力）のみを受けるとき，そのような部品を棒と呼ぶ。軸力は棒を引っ張る方向にはたらくときを正とし，圧縮するときは負とする。また，棒の長手方向に垂直な仮想切断面を外側から引っ張る垂直応力を正とし，圧縮の場合は負号を付けることとする。

　図 4.1（ a ）のように直径が d_1 で長さが l_1 の丸棒 1 と，直径が d_2 で長さが l_2 の丸棒 2 とを結合して作られる段付き丸棒が引張荷重 P を受ける場合を考える。二つの丸棒は同じ材料から作られ，ヤング率は E とする。丸棒の左端は壁に固定されているものとする。図（ b ）には正面から見た図面上で境界条件を示す。この丸棒の全体の伸び λ を求める。

　まず内力を求めるため，図（ b ）のように丸棒の途中に二つの仮想切断面をもうけ，図（ c ）のように三つの領域に分割する。丸棒 1 中の仮想切断面に発生する内力を N_1，丸棒 2 中の仮想切断面に発生する内力を N_2 とすると，作用反作用の法則から，仮想切断面の左右では逆向きで大きさが同じ内力が発生する。

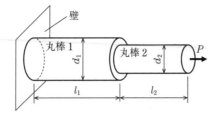

（a）　左端が壁に固定された軸力を受ける段付き丸棒

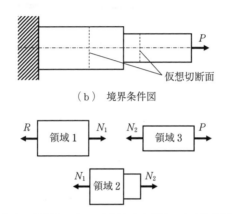

（b）　境界条件図

（c）　仮想的に三つに切断した各領域の自由物体図

図 4.1　引張荷重を受ける段付き丸棒

また，丸棒 1 の左端では，壁が丸棒をつなぎとめる力 R を丸棒 1 に及ぼしている。

図（c）の三つの自由物体図で，まず領域 1 のつり合いから，$R = N_1$ であることがわかる。つぎに領域 3 のつり合いを考えると，$N_2 = P$ であることがわかる。さらに領域 2 のつり合いを考えると，$N_1 = N_2 = P$ であることがわかる。

これより，内力は丸棒 1，丸棒 2 ともに P に等しいことがわかり，順次，丸棒 1 の応力 σ_1，ひずみ ε_1，伸び λ_1，丸棒 2 の応力 σ_2，ひずみ ε_2，伸び λ_2 は，以下の式(4.1a)，(4.1b) で求められる。ここに A_1, A_2 は丸棒 1 と丸棒 2 の断面積である。

$$\sigma_1 = \frac{N_1}{A_1} = \frac{4P}{\pi d_1{}^2}, \qquad \varepsilon_1 = \frac{\sigma_1}{E} = \frac{4P}{\pi E d_1{}^2}, \qquad \lambda_1 = \varepsilon_1 l_1 = \frac{4P l_1}{\pi E d_1{}^2} \qquad (4.1a)$$

$$\sigma_2 = \frac{N_2}{A_2} = \frac{4P}{\pi d_2{}^2}, \qquad \varepsilon_2 = \frac{\sigma_2}{E} = \frac{4P}{\pi E d_2{}^2}, \qquad \lambda_2 = \varepsilon_2 l_2 = \frac{4P l_2}{\pi E d_2{}^2} \qquad (4.1b)$$

　段付き丸棒全体は二つの丸棒の伸びを合計した分だけ伸びるため，全体の伸び λ は式(4.2) のように求まる。

$$\lambda = \lambda_1 + \lambda_2 = \frac{4P l_1}{\pi E d_1{}^2} + \frac{4P l_2}{\pi E d_2{}^2} = \frac{4P}{\pi E}\left(\frac{l_1}{d_1{}^2} + \frac{l_2}{d_2{}^2}\right) \qquad (4.2)$$

4.2　断面が連続的に変化する丸棒

　図 4.2（ a ）に示すように，断面が連続的に変化する丸棒の左端が壁に固定さ

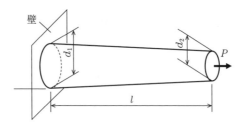

（ a ）　断面積が連続的に変化する丸棒

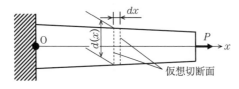

（ b ）　境界条件図と x 軸の定義

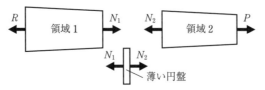

（ c ）　仮想的に三つに切断した各領域の自由物体図

図 4.2　軸力を受ける断面積が連続的に変化する丸棒

れ，右端で軸力 P を受けるときの丸棒全体の伸びを考える。棒の左端の直径は d_1，右端の直径は d_2 とする。直径は壁からの距離に応じて直線的に変化するとする。棒の材料のヤング率は E とする。左端を原点とし，水平右向きに座標軸 x をとると，位置 x における直径は x の関数となり，これを $d(x)$ とすれば，式(4.3)のように表せる。

$$d(x) = d_1 + \frac{d_2 - d_1}{l} x \tag{4.3}$$

　この棒の位置 x において，板厚が dx の薄い円盤を切り出し，円盤の左側の領域 1，右側の領域 2 と合わせてできる三つの領域を考える。円盤の両端は仮想切断面となる。三つの領域に対してそれぞれ自由物体図を描くと，図（ｃ）のようになる。円盤は十分に薄く，直径が $d(x)$，長さが dx の円筒と見なせるとする。

　これら三つの領域それぞれのつり合いを考えると，壁から受ける反力 R，内力 N_1，N_2 はいずれも P に等しいことがわかる。これより，円盤を x 方向に引っ張る応力 σ，円盤の板厚方向のひずみ ε，板厚の増分 $d\lambda$ は断面積を $A(x)$ として，以下の式(4.4a)～(4.4c)のようになる。

$$\sigma = \frac{N_1}{A(x)} = \frac{N_2}{A(x)} = \frac{P}{A(x)} = \frac{4P}{\pi d(x)^2} \tag{4.4a}$$

$$\varepsilon = \frac{\sigma}{E} = \frac{4P}{\pi E d(x)^2} \tag{4.4b}$$

$$d\lambda = \varepsilon dx = \frac{4P}{\pi E d(x)^2} dx \tag{4.4c}$$

　棒全体の伸び λ は，棒を細かく分けた円盤の板厚の増分を棒全体にわたって合計（積分）すればよく，式(4.5)で求められる。

$$\lambda = \int d\lambda = \int_0^l \frac{4P}{\pi E d(x)^2} dx = \frac{4P}{\pi E} \int_0^l d(x)^{-2} dx \tag{4.5}$$

式(4.5)で，$d(x)$ を y と置き，置換積分すると式(4.6)を得る。

$$\lambda = \frac{4P}{\pi E} \int_0^l d(x)^{-2} dx = \frac{4P}{\pi E} \int_{d_1}^{d_2} y^{-2} \left(\frac{l}{d_2 - d_1} \right) dy$$

$$= \frac{4Pl}{\pi E(d_2 - d_1)} \left[-\frac{1}{y} \right]_{d_1}^{d_2} = \frac{4Pl}{\pi E(d_2 - d_1)} \left(-\frac{1}{d_2} + \frac{1}{d_1} \right) = \frac{4Pl}{\pi E d_1 d_2} \qquad (4.6)$$

4.3 物体力を受ける棒

　寸法が大きい部品では，自重による変形を考慮することがある。質量密度が ρ，ヤング率が E の材料でできた全長が l，断面積が A の長い丸棒の上端を天井に固定した**図 4.3**(a)のような場合の棒の伸びを考える。重力加速度の大きさは g とする。

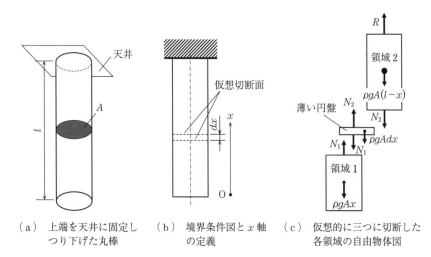

（ a ）　上端を天井に固定し　（ b ）　境界条件図と x 軸　（ c ）　仮想的に三つに切断した
　　　 つり下げた丸棒　　　　　　　の定義　　　　　　　　　　各領域の自由物体図

図 4.3　天井からつるした丸棒の自重による伸び

　図（ b ）のように下端を原点とし，垂直上向きに x 軸をとる。ここで二つの仮想切断面をもうけ，位置 x において厚さが dx の薄い円盤を切り出し，円盤よりも下側の領域 1，上側の領域 2 と合わせてできる三つの領域に分けて，それぞれに対して自由物体図を描くと，図（ c ）が得られる。ここで，円盤の上下に

はたらく内力をそれぞれ N_2, N_1 とする。

　図（ c ）で領域1は物体力である重力 ρgAx を受けるが，これは領域1の重心に集中的にはたらくと考えてよい。x 方向の荷重を正とすれば，領域1におけるつり合い関係は式(4.7) のようになる。

$$N_1 - \rho gAx = 0 \tag{4.7}$$

　薄い円盤は上下面から受ける内力と円盤自身の自重 $\rho gAdx$ を受け，つり合い関係は式(4.8) のようになる。

$$N_2 - N_1 - \rho gAdx = 0 \tag{4.8}$$

　天井が棒を引きとめる反力を R として，自重 $\rho gA(l-x)$ を受ける領域2のつり合い関係は式(4.9) のようになる。

$$R - N_2 - \rho gA(l-x) = 0 \tag{4.9}$$

式(4.7)〜(4.9) より未知荷重が式(4.10a)，(4.10b) のように求まる。

$$N_1 = \rho gAx \tag{4.10a}$$

$$N_2 = N_1 + \rho gAdx = \rho gAx + \rho gAdx = \rho gA(x+dx) \tag{4.10b}$$

ここで，dx は x に比べて小さいため無視すると，式(4.10c) を得る。

$$N_2 = N_1 = \rho gAx \tag{4.10c}$$

領域2のつり合いから式(4.10d) が得られる。

$$R = N_2 + \rho gA(l-x) = \rho gAx + \rho gA(l-x) = \rho gAl \tag{4.10d}$$

　円盤内の応力 σ を一様と見なすと，円盤の応力 σ，ひずみ ε，板厚の増分 $d\lambda$ は式(4.11) のようになる。

$$\sigma = \frac{N_1}{A} = \frac{N_2}{A} = \rho gx, \qquad \varepsilon = \frac{\sigma}{E} = \frac{\rho gx}{E}, \qquad d\lambda = \varepsilon dx = \frac{\rho gx}{E}dx \tag{4.11}$$

　棒全体の伸び λ は，細かく分割した円盤を $x=0\sim l$ の区間で合計（積分）し

たものであるから，式(4.12)のように求まる。

$$\lambda = \int d\lambda = \int_0^l \frac{\rho g x}{E}\,dx = \frac{\rho g}{E}\left[\frac{x^2}{2}\right]_0^l = \frac{\rho g l^2}{2E} \tag{4.12}$$

4.4　温度変化を受ける棒

4.4.1　線 膨 張 係 数

金属の温度を上げると，金属原子の熱振動が激しくなり，安定した原子間距離が長くなる結果，物体の体積が大きくなる。等方的な金属であれば，寸法変化は等方的に生じ，形状は相似を保つためせん断ひずみは生じないが，xyz 方向の垂直ひずみは3方向に同じだけ発生する。物体が自由に熱膨張できる場合は応力は発生しないが，物体を自由に変形させない原因がある場合は，自由な変形との差の分だけ応力が発生する。これを**熱応力**（thermal stress）と呼ぶ。

熱膨張によるひずみは熱ひずみと呼ばれ，物体の温度が基準温度 T_0 から ΔT 上昇し，T になった状態における熱ひずみ ε_{th} は式(4.13)で求められる。

$$\varepsilon_{th} = \alpha \Delta T = \alpha(T - T_0) \tag{4.13}$$

ここで，α は**線膨張係数**（thermal expansion coefficient）と呼ばれる材料定数である。T_0 は熱ひずみをゼロと見なす基準温度で，室温（20〜25℃）とすることが多い。

4.4.2　両端を壁で固定された棒の熱応力

室温における自然の長さが l_0，直径が d_0 の丸棒が，**図 4.4**(a)のように両端を壁に固定した状態で温度を ΔT だけ上昇させた場合について考える。壁の拘束がなく，自由に熱膨張できるのであれば，図(b)のように棒は長さ方向，直径方向に等しい熱ひずみ $\varepsilon_{th} = \alpha \Delta T$ を生じる分だけ寸法が大きくなる。図(b)の状態では，ε_{th} に対応して式(4.14)で求められる熱伸び λ_{th} が発生している。

$$\lambda_{th} = \varepsilon_{th} l_0 = \alpha \Delta T l_0 \tag{4.14}$$

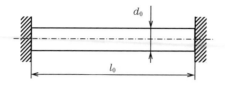

（a） 自然な長さで両端を固定した丸棒（室温）

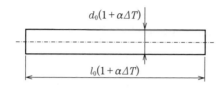

（b） 拘束がない状態で温度をΔT上昇させた丸棒

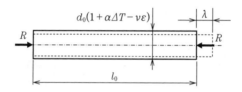

（c） 壁に拘束した状態で温度をΔT上昇させた丸棒

図4.4 両端を拘束された状態で温度を上昇させた丸棒

　両端が固定された状態では，壁からの反力R（圧縮の軸力）がはたらいているため，棒の長さ方向の応力σ，弾性ひずみεと式(4.15)の弾性伸びλが発生し，図（c）のように見かけ上は長さが変化しない。弾性伸びλは棒の断面積をAとすると，式(4.15)となる。

$$\lambda = \varepsilon l_0 = \frac{\sigma l_0}{E} = -\frac{R l_0}{EA} = -\frac{4 R l_0}{\pi E d_0^{2}} \tag{4.15}$$

ここで，Rは圧縮方向のためλ，ε，σには負号が付く。棒の長さが変化しないとき，二つの原因による伸びの合計がゼロとなるため，式(4.16)が成立する。

$$\lambda_{th} + \lambda = \alpha \Delta T l_0 - \frac{4 R l_0}{\pi E d_0^{2}} = 0 \tag{4.16}$$

式(4.16)より，反力に応じて棒に発生する応力は式(4.17)となる。

$$\sigma = \frac{R}{A} = -\alpha E \Delta T \tag{4.17}$$

4.4.3　並列に連結した2本の棒の熱応力

　図 4.5(a)のように，左端を壁に固定した2本の棒を並列に連結し，伸びが同一になるように右端をローラで剛体板に固定した場合を考える。剛体板の下部は床にローラで固定し，水平方向には自由に移動できるが回転は生じない。この状態で棒2の温度を ΔT だけ上昇させ，棒1は基準温度のままとする。2本の棒の基準温度での長さは l_0，断面積は A，棒の材料のヤング率は E とする。

（a）　右端の変位を同一に拘束した2本の棒

（b）　拘束がない状態での熱膨張後の寸法

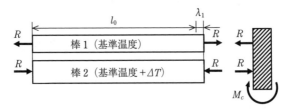

（c）　同一の伸びを生じた2本の棒と剛体壁の自由物体図

図 4.5　並列に連結された2本の棒の熱応力

剛体板がないと仮定すると，図 (b) のように棒1の長さは l_0 のままで，棒2にのみ熱伸び λ_{th} が発生する。剛体板がある場合は図 (c) のようになり，自由物体図を描くことで，棒1と棒2に剛体壁が及ぼす反力 R は大きさが同じで方向が逆になることがわかる。この R が棒1には引張，棒2には圧縮の弾性伸びをもたらす。剛体板は回転しないように床から反モーメント M_c を受けている。

棒1に発生する応力 σ_1，弾性ひずみ ε_1，弾性伸び λ_1 は式(4.18a) のようになる。

$$\sigma_1 = \frac{R}{A}, \qquad \varepsilon_1 = \frac{\sigma_1}{E} = \frac{R}{EA}, \qquad \lambda_1 = \varepsilon_1 l_0 = \frac{Rl_0}{EA} \tag{4.18a}$$

棒2に生じる応力 σ_2，弾性ひずみ ε_2，弾性伸び λ_2 は式(4.18b) のようになる。

$$\sigma_2 = -\frac{R}{A}, \qquad \varepsilon_2 = \frac{\sigma_2}{E} = -\frac{R}{EA}, \qquad \lambda_2 = \varepsilon_2 l_0 = -\frac{Rl_0}{EA} \tag{4.18b}$$

熱伸び λ_{th} は式(4.19) で求まる。

$$\lambda_{th} = \alpha \Delta T l_0 \tag{4.19}$$

棒2では λ_{th} と λ_2 の合計が λ_1 に等しくなるため，式(4.20) が成り立つ。

$$\lambda_1 = \lambda_{th} + \lambda_2 = \alpha \Delta T l_0 - \frac{Rl_0}{EA} \tag{4.20}$$

式(4.18a) と式(4.20) の λ_1 は等しいことから，式(4.21) で R が求まる。

$$R = \frac{\alpha EA \Delta T}{2} \tag{4.21}$$

式(4.21) より，2本の棒に生じる応力はそれぞれ式(4.22) のように求まる。

$$\sigma_1 = \frac{R}{A} = \frac{\alpha E \Delta T}{2}, \qquad \sigma_2 = -\frac{R}{A} = -\frac{\alpha E \Delta T}{2} \tag{4.22}$$

コラム 4

線形重ね合わせの原理

高等学校の物理で学ぶばねの伸びは，加えた荷重に比例するとしていた。そんなに簡単に「比例する」と言い切ってよいものか疑問に思う読者もいるかもしれないが，これは変形が小さいためと考えてよい。

厳密には荷重と伸びの関係が曲線であっても，原点付近のせまい範囲で観察すれば直線に見える。変形が大きいと，断面積の減少が無視できなくなり，荷重の増加と応力の増加が比例的ではなくなる。このため，応力とひずみの間にフックの法則が成り立っていても，荷重と伸びの関係は曲線的になる。

また，応力が低い条件では塑性変形を生じないため，荷重を除けばほぼ完全に元の寸法に戻る性質があり，現象が可逆的になる。荷重―変位のグラフの上で荷重を加えると，原点から直線を描き，荷重をゆっくり除くと，同じ直線を逆方向にたどって原点に戻る。

このように荷重，応力，ひずみ，変位はたがいに比例するものと仮定でき，現象は線形になる。線形な現象では，物体に及ぼす荷重を2倍にすると，応力，ひずみ，変位も同時に2倍になる。また，複数の荷重が物体に加わる場合は，一つ一つの荷重を与えたときに生じる応力，ひずみ，変位を別々に求めておき，最後にこれらを足し合わせたものが複数の荷重が同時に加わったときの応力，ひずみ，変位に一致する。また，荷重を加える順序を変えても最終的な状態は同一になる。

現実的な機械部品は変形が小さく，応力が弾性範囲におさまるように設計されるため，この便利な線形重ね合わせの原理が成立し，各種の力学問題を解く際に活用できる。

現象が線形でなく**非線形**（non-linear）であるとき，重ね合わせの原理は成り立たない。材料力学で取り扱う非線形現象には，塑性やクリープなどの材料の挙動が非線形となるとき（材料非線形），寸法や形状の変化が無視できない大変形を生じるとき（幾何学的非線形），および曲面を壁に押し付ける場合のように接触面積が変化するとき（境界非線形）などがある。

演　習　問　題

【4.1】 **図 4.6** のように直径が d, 長さが l の丸棒 AB の左端 A が壁に固定され, 水平に置かれている。この丸棒の右端 B と左端からの距離が $l/3$ の位置 C の 2 箇所で水平右向きの軸力 P を受けるときの右端 B と位置 C の x 方向変位を求めなさい。棒材のヤング率を E とする。丸棒の左端中心を原点 O とし, 水平右向きに x 軸をとる。

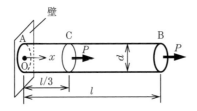

図 4.6　左端を固定し, 2 箇所で軸力を受ける丸棒

【4.2】 **図 4.7** のように直径が $3d$, 長さが $5a$ の丸棒 AB と直径が $2d$, 長さが $4a$ の丸棒 BC が直列に連結された段付き丸棒が水平に置かれ, 左端 A で壁に固定されている。右端 C で水平右向きの軸力 P を受けるとき, 連結部 B と右端 C の x 方向変位を求めなさい。棒材のヤング率は E とする。丸棒の左端中心を原点 O とし, 水平右向きに x 軸をとる。

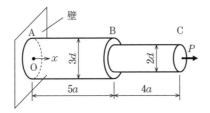

図 4.7　左端が壁に固定された軸力を受ける段付き丸棒

【4.3】 図 4.7 の段付き丸棒で軸力 P を与えずに, 自然な長さのまま左端 A と右端 C の両方を壁に固定した状態で, 段付き丸棒全体の温度を ΔT だけ上昇させた。丸棒 AB と丸棒 BC に生じる熱応力を求めなさい。2 本の棒の材料のヤング率は E, 線膨張係数は α とする。

5 軸のねじり

機械部品にはエンジンの回転軸など，回転を伝えるさまざまな軸が使われ
ている。ぬれたタオルを絞るときに観察されるように，ねじりを加えると軸
の表面にはらせん状の変形がもたらされ，力学的負担が加えられていること
がわかる。本章では，回転軸として用いられる丸棒軸について，ねじりモー
メント（トルク）と発生する応力（ねじり応力）と変形（ねじれ角）の関係
を考察する。

5.1 丸棒軸のねじりによる変形と応力

5.1.1 比ねじれ角とねじり応力

図 **5.1**（a）のように左端が壁に固定され，右端でトルク T を受け，右端部が
ϕ だけ回転した丸棒軸について考える。角度はラジアンで表す。壁の位置を原
点として水平右向きに x 軸をとり，微小長さ dx の薄い円盤を考えると，円盤
の表面に描いた ABCD 部（ハッチング部）は近似的に長方形と見なすことがで
き，変形後の形状は図（b）の AB′C′D のようになる。また，薄い円盤の両端を
仮想切断面として三つの部分に分けると，それぞれの自由物体図は図（c）のよ
うになり，どの断面にも等しいトルク T がはたらいていることがわかる。図（b）
では円弧 AD が回転していないように見えるよう，視点を変えて図示している。

　ここで，長方形 ABCD が変形して得られる平行四辺形 AB′C′D の右端部のね
じれの角度を $d\phi$ とすると，円弧 CC′ の長さは近似的に弦 CC′（せん断変位 λ_s）
と一致し，$\lambda_s = (d/2)d\phi$ となるため，ABCD に生じているせん断ひずみ γ_0 は
式(5.1) で与えられる。

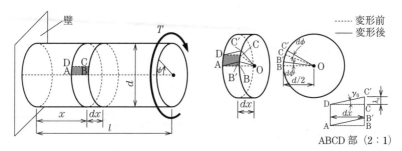

（a） 左端を固定し，右端にトルクを
受ける丸棒軸

（b） 微小長さ dx 部の変形

ABCD 部（2：1）

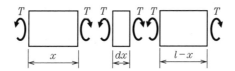

（c） 微小円盤両端を仮想切断面とした自由物体図

図 5.1 トルクを受ける軸のねじり

$$\gamma_0 = \frac{\lambda_s}{dx} = \frac{d}{2}\left(\frac{d\phi}{dx}\right) \tag{5.1}$$

$d\phi/dx$ は x によらず軸の全体にわたって一定と見なせ，軸の単位長さ当りのね
じれ変形を表す**比ねじれ角**（specific angle of torsion）θ として式(5.2) が定義で
きる。θ の単位は，長さの単位が mm であれば，rad/mm となる。

$$\theta = \frac{d\phi}{dx} \tag{5.2}$$

つぎに，図(b)の円盤の内部から切り出した**図 5.2**のような直径 $2r$ の円盤の
表面に描いた長方形 abcd の変形を考える。円周上のねじれの角度 $d\phi$ は直径 d
の円盤と同じであるが，円弧上の変位 λ_{sr} は r に比例するため，abcd に生じる
せん断ひずみ γ は式(5.3) となる。

$$\gamma = \frac{\lambda_{sr}}{dx} = \frac{2r}{d}\gamma_0 = r\theta \tag{5.3}$$

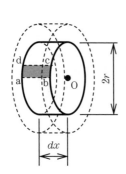
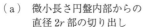
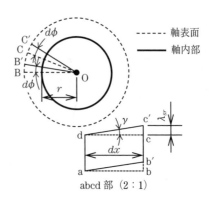

（a） 微小長さ円盤内部からの
　　 直径 $2r$ 部の切り出し

（b） 長さ dx 直径 $2r$ 部表面
　　 の長方形 abcd の変形

図 5.2　トルクを受ける軸の内部の変形

　ここでフックの法則を用いると，軸の表面で最大となるせん断応力 τ_0 と，軸の中心から r だけ離れた位置でのせん断応力 τ は式(5.4) となる。

$$\tau_0 = G\gamma_0 = \frac{G\theta d}{2}, \qquad \tau = G\gamma = G\theta r = \frac{2\tau_0}{d}r \tag{5.4}$$

式(5.4) のように，ねじりによって生じるせん断応力（**ねじり応力**（torsional stress））は軸の中心からの距離 r に比例し，中心ではゼロになる。

5.1.2　せん断応力と断面二次極モーメント

　5.1.1 項で述べたように，丸棒軸の断面上に生じるせん断応力は中心からの距離 r に比例する（**図 5.3**(a)）ため，図(b)のように，中心から等距離 r にある幅 dr の円環上（灰色部分）にはたらくせん断応力 τ の大きさは一様と考えられる。この円環が軸にもたらすトルク dT は，円環の面積を dA とし，式(5.4) を使うと式(5.5) となる。

$$dT = \tau r dA = \tau_0\left(\frac{2r}{d}\right)r dA = G\theta r^2 dA \tag{5.5}$$

これより，断面全体にわたってはたらくトルク T は，円環を円形断面全体にわ

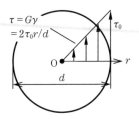

（a） 軸断面上のせん断応力
の分布

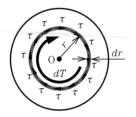

（b） 中心から等距離にある円環
にはたらくせん断応力

図 5.3 軸断面上にもうけた円環にはたらくせん断応力とトルク

たって合計（積分）する式(5.6) で与えられる。

$$T = \int dT = \int_A G\theta r^2 dA = G\theta \int_A r^2 dA = GI_p\theta \tag{5.6}$$

ここで導入した I_p は**断面二次極モーメント**（polar moment of inertia of area）
と呼び，r^2 の面積分で定義する。式(5.6) の右辺の GI_p は変形（比ねじれ角）θ
と荷重（トルク）T の関係の係数であるから，軸の変形抵抗の大きさを表し，
ねじり剛性（torsional rigidity）と呼ぶ。

円形断面に対する I_p は式(5.7) のように求められる。

$$I_p = \int_A r^2 dA = \int_0^{d/2} r^2(2\pi r)dr = 2\pi\left[\frac{r^4}{4}\right]_0^{d/2} = \frac{\pi d^4}{32} \tag{5.7}$$

与えられたトルク T と中心からの距離 r におけるせん断応力 τ の関係は，
式(5.8) となる。

$$\tau = \frac{T}{I_p} r \tag{5.8}$$

軸の設計では最大の応力（ここでは τ_0）に関心があるため，式(5.9) に定義す
る**極断面係数**（polar modulus of section）Z_p を導入すると便利である。

$$\tau_0 = \frac{T}{Z_p} = \frac{16T}{\pi d^3}, \qquad Z_p = \frac{I_p}{\dfrac{d}{2}} = \frac{\pi d^3}{16} \tag{5.9}$$

図 5.1 の軸の右端の**ねじれ角**（angle of torsion）ϕ は式(5.6) より，式(5.10) のように求められる。すなわち，ϕ はトルク T と軸長さ l に比例し，ねじり剛性 GI_p に反比例する。

$$\phi = \int d\phi = \int_0^l \theta dx = \int_0^l \frac{T}{GI_p} dx = \frac{Tl}{GI_p} \tag{5.10}$$

5.2　複雑な丸棒軸

5.2.1　段付き丸棒軸

図 5.4（a）のような，長さが l_1 で直径が d_1 の丸棒 AC と，長さが l_2 で直径が

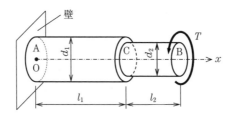

（a）　左端 A を固定し，右端 B でトルクを受ける段付き丸棒軸

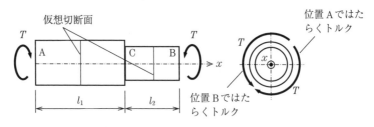

（b）　段付き丸棒軸全体の自由物体図

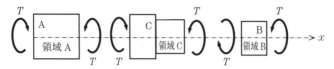

（c）　仮想的に三つの領域に切断した各領域に対する自由物体図

図 5.4　トルクを受ける段付き丸棒軸

d_2 の丸棒 CB を連結し,左端 A を壁に固定した状態で右端 B にトルク T を与える。二つの軸の材料のせん断弾性係数は G とする。このときの位置 C および B におけるねじれ角を求める。

図(b)のように全体でのつり合いを考えると,壁から左端 A が受けるトルクは右端 B の T と大きさが同じで向きが逆になる。2 本の丸棒の途中に 2 箇所の仮想切断面を想定し,図(c)のように三つの部分に分割して考えると,二つの仮想切断面にはたらくトルクの大きさは,ともに T となることがわかる。

位置 C でのねじれ角 ϕ_C は,軸 AC の断面二次極モーメントを I_{p1} とし,式(5.10)を適用して式(5.11)となる。

$$\phi_C = \frac{Tl_1}{GI_{p1}} = \frac{32Tl_1}{\pi G d_1^4} \tag{5.11}$$

軸 CB の断面二次極モーメントを I_{p2} とすると,位置 B でのねじれ角 ϕ_B は,ϕ_C に軸 CB のねじれ角を加算して式(5.12)のように得られる。

$$\phi_B = \phi_C + \frac{Tl_2}{GI_{p2}} = \frac{32Tl_1}{\pi G d_1^4} + \frac{32Tl_2}{\pi G d_2^4} = \frac{32T}{\pi G}\left(\frac{l_1}{d_1^4} + \frac{l_2}{d_2^4}\right) \tag{5.12}$$

また,軸 AC の表面に生じるねじり応力 τ_{AC} と軸 CB の表面に生じるねじり応力 τ_{CB} は,式(5.9)より式(5.13)となる。

$$\tau_{AC} = \frac{16T}{\pi d_1^3}, \qquad \tau_{CB} = \frac{16T}{\pi d_2^3} \tag{5.13}$$

5.2.2 複数のトルクを受ける丸棒軸(重ね合わせの原理)

図 5.5(a)のように直径が d,全長が l の丸棒 AB の左端 A の中心を原点とし,軸の中心を通る向きに x 軸をとり,x 方向から見て反時計回りに二つのトルクを与える場合を考える。トルクの大きさは右端 B で T_B,途中の位置 C で T_C とする。AC 間の長さは l_1,CB 間の長さは l_2 とする。軸の材料のせん断弾性係数は G とする。また,左端 A は壁に固定されている。

この軸の自由物体図を図(b)に示す。軸全体に対して x 軸まわりのトルクのつり合いから,左端 A で T_B と T_C の合計と大きさが同じで逆向きのトルク T_A

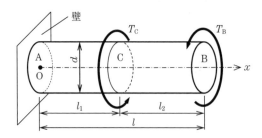

（a）　左端 A を固定し，右端 B と途中の位置 C の 2 箇所でトルクを受ける丸棒軸

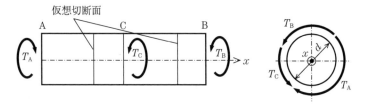

（b）　丸棒軸全体の自由物体図

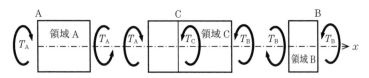

（c）　仮想的に三つに切断した丸棒軸の自由物体図

図 5.5　複数のトルクを受ける丸棒軸

を受けているはずであるから，式(5.14) が成立する。

$$T_A = T_B + T_C \tag{5.14}$$

つぎに，軸を AC 間と CB 間の 2 箇所で仮想的に切断してできる三つの領域それぞれに対する自由物体図を考える。A を含む領域を領域 A，C を含む領域を領域 C，B を含む領域を領域 B と呼ぶことにすると，まず領域 A のつり合いから，AC 間の仮想切断面には A とは逆向き（x 方向から見て反時計回り）で大きさが同じ T_A となるトルクがはたらいていることがわかる。

領域 B のつり合いから，CB 間の仮想切断面では T_B と大きさが同じで逆向き

のトルクがはたらいていることがわかる。領域 C の右端では，領域 B の左端と
の作用反作用の関係から，逆向きで大きさが同じ T_B がはたらいている。

　これより，AC 間では，$T_A = T_B + T_C$ がはたらき，CB 間では T_B のみがはたら
いていることがわかる。

　位置 C でのねじれ角を ϕ_C とし，軸の断面二次極モーメントを I_p とすると，
式(5.10) から式(5.15) が得られる。

$$\phi_C = \frac{T_A l_1}{GI_p} = \frac{32(T_B + T_C)l_1}{\pi G d^4} \tag{5.15}$$

右端 B でのねじれ角 ϕ_B は，ϕ_C に CB 間に生じるねじれ角を加算したものにな
るため，式(5.16) が得られる。

$$\phi_B = \phi_C + \frac{T_B l_2}{GI_p} = \frac{32(T_B + T_C)l_1}{\pi G d^4} + \frac{32 T_B l_2}{\pi G d^4}$$

$$= \frac{32}{\pi G d^4}(T_B l + T_C l_1) \tag{5.16}$$

T_C は，長さが l_1 の CB 間に対してのみはたらき，T_B は全長 l の軸全体にはた
らくため，それぞれのトルクに対して別々に求めたねじれ角を加算したものが
右端 B のねじれ角になることが，式(5.16) より読み取れる。

　同じ図 5.5 の問題をつぎの手順で考えてみる。

（1）　トルク T_B のみを与えたときの位置 C のねじれ角 ϕ_{C1} と右端 B のねじ
　　　れ角 ϕ_{B1} を求める。

（2）　トルク T_C のみを与えたときの位置 C のねじれ角 ϕ_{C2} と右端 B のねじ
　　　れ角 ϕ_{B2} を求める。

（3）　二つのトルク T_B と T_C を同時に与えたときの位置 C のねじれ角 ϕ_C と
　　　右端 B のねじれ角 ϕ_B を求める。二つのねじれ角は（1）と（2）で
　　　求めた二つの解を足し合わせたものと考える（線形重ね合わせの原
　　　理）。

〔1〕　**トルク T_B のみを与えた場合**　　この場合は，軸全体にはたらくトル
クはどこも同じで T_B になるため，ϕ_{C1} は長さが l_1 の軸と，ϕ_{B1} は長さが l の軸

と同じになると考え，式(5.10)を用いて式(5.17a)と式(5.17b)のように求められる。

$$\phi_{C1} = \frac{T_B l_1}{G I_p} = \frac{32 T_B l_1}{\pi G d^4} \tag{5.17a}$$

$$\phi_{B1} = \frac{T_B l}{G I_p} = \frac{32 T_B l}{\pi G d^4} \tag{5.17b}$$

〔2〕　**トルク T_C のみを与えた場合**　　この場合は，AC間にはたらくトルクは T_C であるが，CB間ではゼロとなるため，位置Cにおけるねじれ角 ϕ_{C2} と右端Bにおけるねじれ角 ϕ_{B2} は，式(5.10)より式(5.18a)と式(5.18b)のように得られる。

$$\phi_{C2} = \frac{T_C l_1}{G I_p} = \frac{32 T_C l_1}{\pi G d^4} \tag{5.18a}$$

$$\phi_{B2} = \phi_{C2} + 0 = \frac{32 T_C l_1}{\pi G d^4} \tag{5.18b}$$

〔3〕　**二つのトルク T_B と T_C を同時に与えた場合**　　この場合のねじれ角は，〔1〕と〔2〕で求めたねじれ角をそれぞれ足し合わせたものと考えると，式(5.19)，(5.20)が得られる。

$$\phi_C = \phi_{C1} + \phi_{C2} = \frac{32 T_B l_1}{\pi G d^4} + \frac{32 T_C l_1}{\pi G d^4} = \frac{32(T_B + T_C) l_1}{\pi G d^4} \tag{5.19}$$

$$\phi_B = \phi_{B1} + \phi_{B2} = \frac{32 T_B l}{\pi G d^4} + \frac{32 T_C l_1}{\pi G d^4} = \frac{32}{\pi G d^4}(T_B l + T_C l_1) \tag{5.20}$$

この結果は式(5.15)，(5.16)と等しい。

　一般に，変形が微小で弾性範囲と見なせる場合，荷重と応力，ひずみ，変位（伸びやねじれ角）はたがいに比例する。また，複数の荷重が加わる場合，荷重を1個ずつ与えて得られる応力，ひずみ，変位を別々に求めておき，複数荷重を受ける場合はそれらの解をそのまま合計したものになる（線形重ね合わせの原理）。

5.3 動力を伝達する軸

　機械の動力としてはモータやエンジンなど，回転動力を発生するものが多い。軸の回転を加速させるトルクがはたらいているとき，トルクは仕事をする（動力を伝達する）。一定速度で走行している自動車でも路面には摩擦があり，減速しないよう仕事をしている。

　図5.6に示すような直径dの丸棒軸に直径Dの巻胴が取り付けられたウインチを考え，丸棒軸にトルクTを与えて，一定の回転数nで回転させる。巻胴に巻き付けられたワイヤロープの先には負荷（重量物など）が取り付けられ，一定の力Fの張力をワイヤロープに与えている。一定速度で回転している場合は，回転軸まわりのモーメントはつり合うため，$F(D/2) = T$となる。

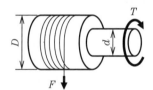

図5.6 ワイヤロープを巻き付ける
ウインチ

　この軸が1回転する間にFに逆らって巻き付けられるワイヤロープの長さは，巻胴の円周πDであるため，1回転する間にトルクがする仕事（力×距離）は$\pi FD = 2\pi T$となる。いま，回転数の単位をrpm（revolutions per minute）とすると，1秒間当りになされる仕事（仕事率）Pは，式(5.21)となる。

$$P = \frac{\pi n T}{30} \tag{5.21}$$

　また，このときの軸表面のねじり応力τ_0は，式(5.9)から式(5.22)となる。

$$\tau_0 = \frac{16T}{\pi d^3} = \frac{16}{\pi d^3} \times \frac{30P}{\pi n} = \frac{480P}{\pi^2 n d^3} \tag{5.22}$$

許容せん断応力をτ_aとすると，$\tau_0 = \tau_a$となる軸の直径d_aは式(5.23)で求められる。

$$d_a = \sqrt[3]{\frac{480P}{\pi^2 n \tau_a}} \tag{5.23}$$

式(5.23) のようにして，動力と回転数に応じて軸に必要な直径を定めることができる。ただし，単位に注意する必要がある。式(5.23) を用いて，応力の単位がMPa，回転数がrpm で与えられた場合に対して，直径を mm で得るためには仕事率を mW で与える。

コラム 5

ね じ り 試 験

金属材料は，脆性材料であれば垂直応力によって破壊し，延性材料であればせん断応力によって破断する傾向がある。比較的延性がある炭素鋼 S45C の丸棒試験片に対してトルクを加えて破断させた例を図に示す。この写真のようにトルクを与える軸に直交する面で破断しており，主せん断応力で破断したことが確認できる。

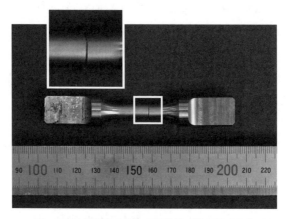

図　ねじり試験で破断した試験片（炭素鋼 S45C）

演 習 問 題

【5.1】 直径が 8.00 mm，長さが 200 mm の丸棒軸の一端を固定した状態で他端にトルク 10.0 kN·mm を与えたとき，軸表面に発生するせん断応力とトルクを与えた端部のねじれ角を求めなさい。軸の材料のヤング率は 210 GPa，ポアソン比は 0.300 とする。

【5.2】 図 **5.7** のような外径が d_1，内径が d_2 の中空円筒を軸として使用するときの断面二次極モーメントと極断面係数を求めなさい。

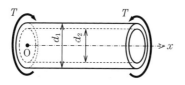

図 5.7　中空円筒軸

【5.3】 図 **5.8** のように全長が l，直径が d の丸棒 AB が両端を壁に固定された状態で，左端から $l/3$ だけ離れた位置 C でトルク T を受けている。この軸に生じる最大のせん断応力と位置 C におけるねじれ角を求めなさい。せん断弾性係数は G とする。

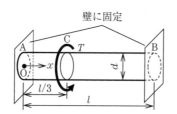

図 5.8　両端を壁に固定し，途中で
トルクを受ける丸棒軸

6

は り の 曲 げ

　長方形断面の木材に簡単な切り込みを入れて作られる割りばしを手の力で
破壊することを考えてみる。割りばしを手で引張破断させるのは難しいが，
曲げて折るのは難しくない。また，割りばしを折り曲げる方向によっても破
壊のしやすさが変わることがわかる。本章では，曲げる荷重に耐える棒状の
部品（はり）における内力について解説する。

6.1　せん断力図と曲げモーメント図

6.1.1　はりに生じる内力

　棒状の部品をまっすぐに引っ張るときは「棒」と呼び，ねじるときは「軸」
と呼ぶ。また，曲げるときは「はり」と呼ぶ。本章でははりの変形が，紙面上
に定義した xy 平面内にとどまる場合のみを取り扱う。曲げに加えて，軸力や
ねじりモーメントがはたらく場合でも，変形が微小で弾性範囲であれば，別々
に求めた解を重ね合わせればよく，本章では取り扱わない。

　曲げ荷重のみを受けるはりでは，仮想切断面上ではせん断力と曲げモーメン
ト（bending moment）を考慮すればよい。はりの長手方向の任意の断面におけ
るせん断力の分布を図示したものが**せん断力図**（shearing force diagram：
SFD），曲げモーメントの分布を図示したものが**曲げモーメント図**（bending
moment diagram：**BMD**）で，曲げによる負荷が最大となる位置を特定するた
めに作図される。

6.1.2 集中荷重を受ける両端単純支持はり

図 **6.1** のように，全長 l のはり AB の左端中央を原点 O として水平右向きに x 軸，垂直下向きに y 軸をとる。左端 A は回転支持，右端 B を回転・移動支持とすれば，このはりには軸方向の内力が生じない。このようなはりを**両端単純支持はり**（simply supported beam）と呼ぶ。このはりに $x=a$ の位置 C で y 方向に集中荷重 P を加えるとき，はりに生じる内力を求める。

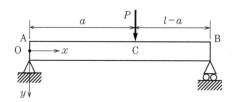

図 6.1 集中荷重を受ける両端単純支持はり

図 6.1 のはりに対して自由物体図を描くと，**図 6.2** のようになる。左端 A で支持点がはりに及ぼす反力を R_A，右端 B で及ぼす反力を R_B としている。この時点では二つの反力の正負は不明であるが，図に示した方向を正として扱うことにする。

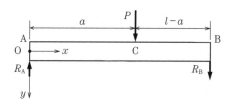

図 6.2 集中荷重を受ける両端単純支持はりの
自由物体図

まず，y 方向のつり合い関係は式(6.1) となる。

$$-R_\mathrm{A}+P+R_\mathrm{B}=0 \tag{6.1}$$

つぎに，右端 B まわりのモーメントのつり合いを考える。反時計回りを正とすれば，式(6.2) の関係が得られる。

$$-R_A l + P(l-a) = 0 \tag{6.2}$$

式(6.1) と式(6.2) を連立して解くと，式(6.3) が得られる。負号が付いていることから，R_B は図 6.2 に示した方向とは反対を向くことがわかる。

$$R_A = \frac{l-a}{l}P, \qquad R_B = -\frac{a}{l}P \tag{6.3}$$

こうして拘束箇所での反力を求めたうえで，位置 x に仮想切断面をもうけて，断面にはたらく内力（せん断力 F と曲げモーメント M）を考える。

これらの内力の正負について**図 6.3** のような規則を定めておく。ここで，x 軸を外向き法線に持つ面（左側の仮想切断面）では，下向きがせん断力の正方向，紙面から垂直に出てくる軸の反時計回りが曲げモーメントの正方向と定める。右側の仮想切断面では正負が逆になる。図の定義は，右手に包丁を持って大根を切り落とす方向がせん断力の正方向，建築物の天井に置かれたはりが上から重力を受けて下に凸に変形する方向が曲げモーメントの正方向と覚えておくことができる。図 6.2 では，図 6.3 のせん断力の正方向に反力を示した。

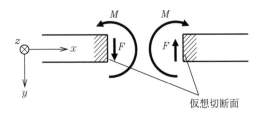

図 6.3　仮想切断面にはたらくせん断力と
曲げモーメントの正方向

図 6.2 から，仮想切断面が AC 間にあるか CB 間にあるかで自由物体図が異なるため，$x=a$ の前後で以下の〔1〕と〔2〕の場合分けを行う。

〔1〕　$0 \leqq x \leqq a$　　AC 間に仮想切断面 X（位置 x）をもうけた場合の自由物体図を**図 6.4** に示す。AX 部の力とモーメントのつり合いから，式(6.4a) と式(6.4b) が得られる。

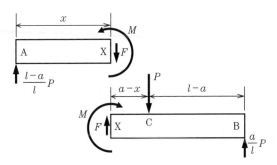

図 6.4 AC 間に仮想切断面を有するはりの自由物体図

$$-\frac{l-a}{l}P+F=0 \tag{6.4a}$$

$$-\frac{l-a}{l}Px+M=0 \tag{6.4b}$$

式(6.4a),（6.4b）より，F と M が式(6.5) のように求まる。

$$F=\frac{l-a}{l}P, \qquad M=\frac{l-a}{l}Px \tag{6.5}$$

〔2〕 $a\leqq x\leqq l$　　CB 間に仮想切断面 X をもうけた場合の自由物体図を**図6.5**に示す。XB 部の力とモーメントのつり合いを考えると，式(6.6a) と式(6.6b)が得られる。

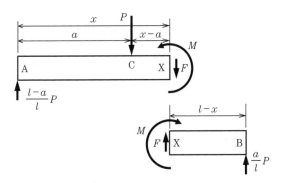

図 6.5 CB 間に仮想切断面を有するはりの自由物体図

$$-F - \frac{a}{l}P = 0 \tag{6.6a}$$

$$-M + \frac{Pa}{l}(l - x) = 0 \tag{6.6b}$$

式(6.6a), (6.6b) より, F と M が式(6.7) のように求まる。

$$F = -\frac{a}{l}P, \qquad M = \frac{a}{l}P(l - x) \tag{6.7}$$

式(6.5) と式(6.7) をまとめると, 式(6.8a) と式(6.8b) が得られ, F と M の分布をグラフにすると**図 6.6** が得られる。

$$F = \begin{cases} \dfrac{l - a}{l}P & (0 \leqq x \leqq a) \\[2ex] -\dfrac{a}{l}P & (a \leqq x \leqq l) \end{cases} \tag{6.8a}$$

$$M = \begin{cases} \dfrac{l - a}{l}Px & (0 \leqq x \leqq a) \\[2ex] \dfrac{a}{l}P(l - x) & (a \leqq x \leqq l) \end{cases} \tag{6.8b}$$

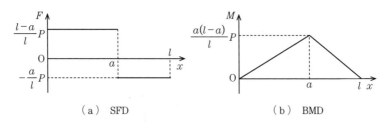

(a) SFD   (b) BMD

図 6.6　集中荷重を受ける両端単純支持はりの SFD と BMD

図(a)が SFD, 図(b)が BMD である。これらを作図することで, 曲げモーメントが最大になる位置（この場合は C）を視覚的にとらえることができる。また, 6.2 節で証明するように, 曲げモーメントはせん断力を x について積分したものになっており, SFD の面積を考えれば BMD を正しく描くことができ

る。また，$x=l$ におけるせん断力 $-aP/l$ は，右端 B における反力に図 6.3 で定義した符号を付けたものになっている。

6.1.3 等分布荷重を受ける両端単純支持はり

図 **6.7** のように，全長が l のはり AB の全体にわたって等分布荷重 w を受ける場合を考える。このはりは左右対称のため，A と B の支持点で全体の荷重 wl を 1/2 ずつ受け持つと考えることができ，はり全体の自由物体図は**図 6.8** のようになる。

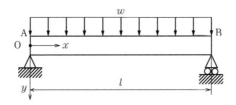

図 6.7 等分布荷重を受ける両端単純支持はり

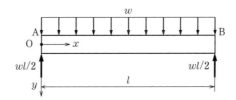

図 6.8 等分布荷重を受ける両端単純支持はりの
自由物体図

つぎに，位置 x に仮想切断面 X をもうけ，二つに分けたはりに対して自由物体図を描くと**図 6.9** のようになる。図では，せん断力 F と曲げモーメント M の矢印は図 6.3 で定義した正方向に向けて描いている。

均等に分布する荷重は図心にはたらく集中荷重に置き換えてよいため，**図 6.10** のように集中荷重で置き換えて考える。AX 部の力のつり合いから，F に対する式(6.9a) が，AX 部における X まわりのモーメントのつり合いから，M に対する式(6.9b) が得られる。

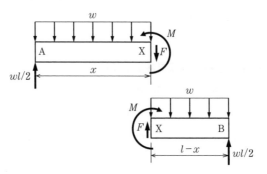

図 6.9 仮想切断面を有する等分布荷重を受ける両端単純支持はりの
自由物体図

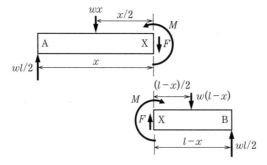

図 6.10 仮想切断面を有する等分布荷重を受ける両端単純支持はりの
自由物体図（等価な集中荷重で置き換えた場合）

$$F = -wx + \frac{wl}{2} \tag{6.9a}$$

$$M = -\frac{wx^2}{2} + \frac{wl}{2}x \tag{6.9b}$$

式(6.9a) の F と式(6.9b) の M をグラフにすると，**図 6.11** の SFD と BMD が
描ける。BMD ではりの両端における曲げモーメントがゼロであり，両端の支
持点では反モーメントを受けないことが確認できる。また，曲げモーメントの
大きさは中央で最大 $wl^2/8$ になる。

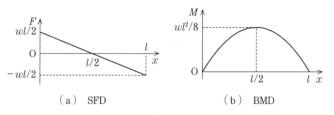

（a） SFD　　　　　　（b） BMD

図 6.11 等分布荷重を受ける両端単純支持はりの SFD と BMD

6.1.4　自由端に集中荷重を受ける片持ばり

図 6.12 のように右端を固定し，左端に y 方向の集中荷重 P を受ける全長 l のはり AB を考える。このような一端固定―他端自由のはりのことを**片持ばり**（cantilever）と呼ぶ。はり全体に対する自由物体図を**図 6.13** に示す。力とモーメントのつり合いから，固定端ではりが受ける反力は上向きの P，反モーメントは時計回りの Pl であることがわかる。

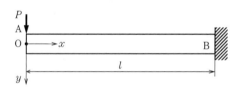

図 6.12　集中荷重を受ける片持ばり

図 6.13　集中荷重を受ける片持ばりの自由物体図

つぎに，位置 x に仮想切断面 X をもうけてできる二つのはりに対する自由物体図を描くと，**図 6.14** を得る。はり AX における y 方向の力のつり合いと，X まわりのモーメントのつり合いから，式(6.10a) と式(6.10b) が得られる。

$$F = -P \tag{6.10a}$$

$$M = -Px \tag{6.10b}$$

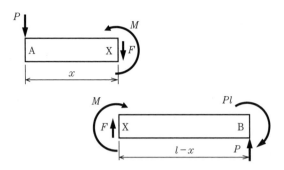

図 6.14 仮想切断面を有する片持ばりの自由物体図

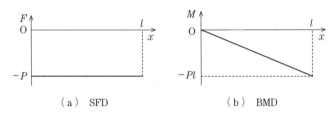

（a） SFD   （b） BMD

図 6.15 集中荷重を受ける片持ばりの SFD と BMD

式(6.10a) と式(6.10b) をグラフ化すると，**図 6.15** の SFD，BMD を得る。この場合は，固定端 B で曲げモーメントの絶対値が最大 Pl になる。

6.1.5 等分布荷重を受ける片持ばり

図 6.16 のように，全長が l で右端 B を固定端とする片持ばり AB の上面全体にわたって等分布荷重 w を受ける場合を考える。まず，**図 6.17** のように自由物体図を描く。固定端 B では面が右を向いているため，反力 R は下向きが正，反モーメント M_B は反時計回りが正になる。

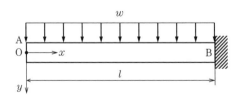

図 6.16 等分布荷重を受ける片持ばり

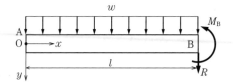

図 6.17 等分布荷重を受ける片持ばりの自由物体図

分布荷重は，図心に集中的にはたらく集中荷重に置き換えてよいことから，**図 6.18** を得る。図で y 方向の力と B まわりのモーメントのつり合いを考えることで，式(6.11) のように反力 R と反モーメント M_B が求まる。

$$R = -wl, \qquad M_B = -\frac{wl^2}{2} \tag{6.11}$$

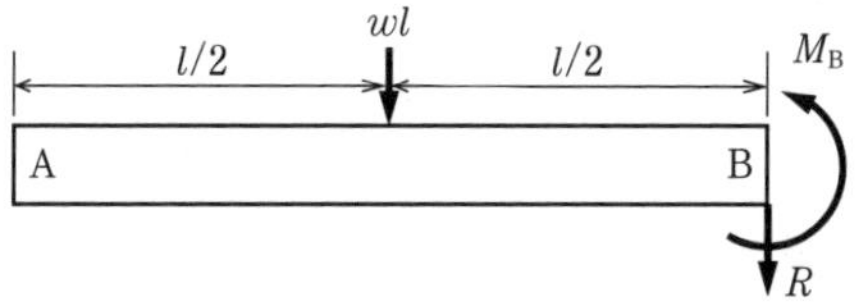

図 6.18 等分布荷重を集中荷重に置き換えた片持ばり

つぎに，位置 x に仮想切断面 X をもうけ，二つに分かれたはりに対する自由物体図を**図 6.19** のように描く。図にはすでに求めている固定端の反力と反モーメントの正負を反映している。さらに，等分布荷重を図心にはたらく集中

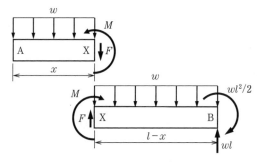

図 6.19 仮想切断面を有する等分布荷重を受ける片持ばりの自由物体図

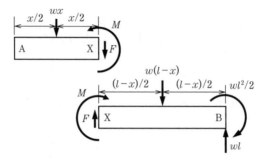

図 6.20　等分布荷重を集中荷重に置き換えた仮想切断面を
有する片持ばりの自由物体図

荷重に置き換えて**図 6.20**を描く。図の二つのはりのどちらか一方に対して力
とモーメントのつり合いを考えることで，せん断力 F と曲げモーメント M が
式(6.12a)と式(6.12b)のように求まる。

$$F = -wx \tag{6.12a}$$

$$M = -\frac{wx^2}{2} \tag{6.12b}$$

式(6.12a)と式(6.12b)をグラフ化すると，**図 6.21**の SFD，BMD が描ける。固
定端での曲げモーメントの絶対値が最大 $wl^2/2$ となることがわかる。

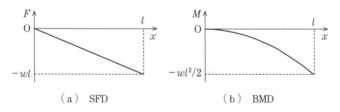

（a）SFD	（b）BMD

図 6.21　等分布荷重を受ける両端単純支持はりの SFD と BMD

6.2　せん断力と曲げモーメントの関係

図 6.22のような，任意の分布荷重が x の関数 w で表されるはり AB におけ
る内力を考える。いま**図 6.23**のように，位置 x で微小長さ dx の部分を仮想的

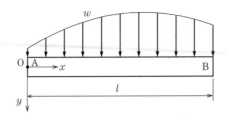

図 6.22 任意の分布荷重を受けるはり

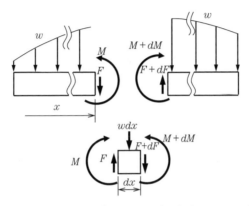

図 6.23 任意の分布荷重を受けるはりの微小部分におけるつり合い

に切断し，微小部分の左面にはたらくせん断力を F，曲げモーメントを M とし，右面にはたらくせん断力を $F+dF$，曲げモーメントを $M+dM$ として，微小部分における力とモーメントのつり合いを考える。

微小部分にはたらく分布荷重はほとんど等分布と見なせるため，微小部分の中央にはたらく集中荷重 wdx で置き換え，y 方向の力のつり合いから式(6.13)を得る。

$$-F+wdx+F+dF=0 \tag{6.13}$$

式(6.13) を整理すると，式(6.14) が得られる。

$$\frac{dF}{dx}=-w \tag{6.14}$$

同様に，微小部分の右面まわりのモーメントのつり合いから式(6.15)を得る。

$$-M - Fdx + wdx \times \frac{dx}{2} + M + dM = 0 \tag{6.15}$$

式(6.15) で微小項 $(dx)^2$ を無視すると，式(6.16) が得られる。

$$\frac{dM}{dx} = F \tag{6.16}$$

式(6.14) を x に対して積分すると，せん断力 F は式(6.17) のように得られる。

$$F = -\int wdx + C_1 \tag{6.17}$$

式(6.16) を x に対して積分すると，曲げモーメント M は式(6.18) のように得られる。

$$M = \int Fdx + C_2 \tag{6.18}$$

このように，w の関数が既知であれば，w を積分することでせん断力 F が求まり，F を積分すれば曲げモーメント M が求められる。積分定数 C_1 と C_2 は，せん断力と曲げモーメントが既知の位置の条件に合うように定めればよい。これまで SFD と BMD を描いてきた例に対して，上記の成立を確認してみるとよい。

6.3　面積モーメント法

　図 6.22 の任意の分布荷重を受けるはり AB を位置 X（原点からの距離 $=x$）で切断してできるはり AX の中に，x と同じ原点，同じ方向に座標軸 ξ を図 **6.24** のように定義する。微小部分 $d\xi$ が受ける荷重の大きさは $wd\xi$ であるため，$wd\xi$ が仮想切断面 X にもたらすモーメント dM は式(6.19) で表せる。

$$dM = -wd\xi(x - \xi) \tag{6.19}$$

AX の全体にわたる分布荷重が X にもたらすモーメント M は，微小部分がもたらすモーメント dM を長さ x にわたって合計すればよく，式(6.20) のように表せる。

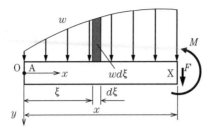

図 6.24 仮想切断されたはりに定義した
微小部分 $d\xi$ が受ける荷重

$$M = \int dM = -\int_0^x w(x-\xi)d\xi = -x\int_0^x wd\xi + \int_0^x \xi wd\xi \qquad (6.20)$$

ところで，x 軸と w のグラフが囲む図形の図心の x 座標を x_G とすると，図心の定義から式(6.21) となる。

$$x_G = \frac{\displaystyle\int_0^x \xi wd\xi}{\displaystyle\int_0^x wd\xi} \qquad (6.21)$$

式(6.21) を式(6.20) に代入すると，式(6.22) を得る。

$$M = -x\int_0^x wd\xi + x_G\int_0^x wd\xi = -(x-x_G)\int_0^x wd\xi \qquad (6.22)$$

式(6.22) の右辺の積分は，w がもたらす y 方向の力の合計に一致するため，分布荷重を置き換えた集中荷重に等しく，これを式(6.23) の W とすれば，**図 6.25** のように w が作る図形の図心 G に W を集中的に作用させたときと等価になる。

$$W = \int_0^x wd\xi \qquad (6.23)$$

これより，分布荷重を受けるはりのつり合いを検討するときは，分布荷重を集中荷重に置き換えてよく，このときの集中荷重の大きさは分布荷重のグラフと x 軸が囲む面積に等しく，集中荷重の作用点はグラフと x 軸が囲む図形の図心とすればよいということになる。これを**面積モーメント法**（moment area

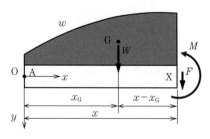

図 6.25　仮想切断されたはりにおける
分布荷重の集中荷重への置換

method）と呼ぶ。これまで等分布荷重を，はりの中心にはたらく集中荷重に置き換えてつり合いを検討してきているが，等分布荷重の場合ははりの中心の x 座標が分布形状（長方形）の図心の位置と一致するため，集中荷重を物体の中心に与えてよい。等分布荷重でなくとも，こうして分布荷重のグラフが囲む図形の面積と図心を考慮することで，集中荷重への置き換えができる。

演 習 問 題

【6.1】 図 **6.26** のように，全長が l の両端単純支持はりが右端の回転・移動支持点から反時計回りのモーメント M_0 を受けている。このはりに対する SFD と BMD を描きなさい。左端に原点 O を置き，水平右向きに x 軸をとる。

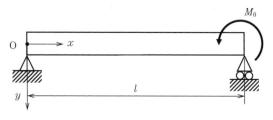

図 6.26　右端でモーメントを受ける両端単純支持はり

【6.2】 図 **6.27** のように，全長が l の片持ばりが左端の自由端ではゼロ，右端の固定端では w_0 となる非等分布荷重を受けている。このはりに対する SFD と BMD を描きなさい。左端に原点 O を置き，水平右向きに x 軸をとる。荷重の大き

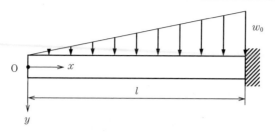

図 6.27 大きさが直線的に増加する非等分布荷重を受ける
片持ばり

さは x 方向に直線的に増加するものとする。

【6.3】 図 **6.28** のように，全長が l の片持ばりが左端の自由端から中央までの範囲で
等分布荷重 w を受けている。このはりに対する SFD と BMD を描きなさい。
左端に原点 O を置き，水平右向きに x 軸をとる。

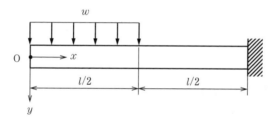

図 6.28 左半分で等分布荷重を受ける片持ばり

【6.4】 図 **6.29** のように，全長が l の両端単純支持はりが左端の回転支持点から中央
までの範囲で等分布荷重 w を受けている。このはりに対する SFD と BMD を
描きなさい。左端に原点 O を置き，水平右向きに x 軸をとる。

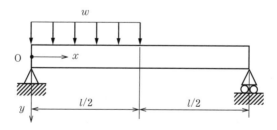

図 6.29 左半分で等分布荷重を受ける両端単純支持はり

7 はりの曲げ応力

　直方体形状の消しゴムを曲げてみると，凸な面（背側）と凹んだ面（腹側）とができる。凸な面に沿った線は変形前の状態よりも伸びており，凹んだ面に沿った線は縮んでいる。つまり，片側の面には引張，反対側の面には圧縮のひずみが生じている。フックの法則を考えると，ひずみと同様に引張と圧縮の応力が発生しているはずである。部品の強度を知るうえでは部品に発生する応力を知る必要があり，本章では曲げモーメントに起因してはりに生じる応力の評価方法を解説する。

7.1　曲げ変形と曲げ応力

　図 7.1（ a ）のように，はりの長手方向に x 軸，下向きに y 軸をとる。このはりから図（ b ）のように長さが dx の微小部分 ABCD を取り出し，微小部分の両端に正方向の曲げモーメント M を加え，図（ c ）のような変形が生じたとする。

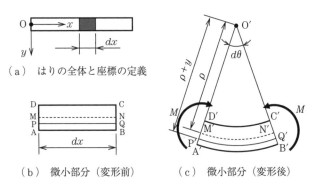

（ a ）　はりの全体と座標の定義

（ b ）　微小部分（変形前）　　　（ c ）　微小部分（変形後）

図 7.1　曲げモーメントを受けて変形したはりの微小部分

簡単のため（x 軸を法線とする）はりの断面は変形前後で平面を保ち，x 軸が変形してできる曲線と直交を保つと仮定する。

　微小部分にもうけた直線 AB，PQ，MN，DC は変形前は長さが等しく dx であったが，変形後は y 座標に応じて長さが変わる。この中には変形前後で長さが変わらない線があり，これを MN とし，MN が変形後に描く曲線 M′N′ を円弧と見なしたときの曲率半径を ρ，円弧の中心を O′ とする。

　y 軸は M′N′ 上で $y=0$ となるようにとり，微小部分の任意の直線 PQ の位置を y とすると，PQ が変形後に形成する曲線 P′Q′ の曲率半径は $\rho+y$ となる。このときの直線 PQ から円弧 P′Q′ に変形する際に生じるひずみ ε は，円弧の中心角 $d\theta$ に対する円弧の長さから式(7.1) のように求まる。

$$\varepsilon = \frac{(\rho+y)d\theta - dx}{dx} = \frac{yd\theta}{\rho d\theta} = \frac{y}{\rho} \tag{7.1}$$

　さらにヤング率を E としてフックの法則を用いると，x 方向の応力 σ は式(7.2) のように求められる。

$$\sigma = E\varepsilon = \frac{Ey}{\rho} \tag{7.2}$$

　式(7.2) から σ は y に比例し，MN よりも下側で正（引張），上側で負（圧縮）となることがわかる。また，円弧 M′N′ 上では $\sigma=0$ となり，M′N′ を含む $y=0$ となる面を**中立面**（neutral surface）と呼ぶ。曲げモーメントに起因してはり断面に生じる応力を**曲げ応力**（bending stress）と呼ぶ。

　以上を踏まえて，はりの断面上の応力分布を**図 7.2**(a)に，はりの断面を正面から見た図を図(b)に示す。軸力 P は σ を面積分して式(7.3) のように表せるが，ここでは軸力がないためゼロとなる。

$$P = \int_A \sigma dA = \int_A \frac{Ey}{\rho} dA = \frac{E}{\rho} \int_A y dA = 0 \tag{7.3}$$

　ここで $E/\rho \neq 0$ であるから，式(7.3) の面積分をゼロにするためには y の面積分がゼロである必要があり，図 7.2 のように断面の図心 G を通るように z 軸を定義すればよい。このときの z 軸を**中立軸**（neutral axis）と呼ぶ。

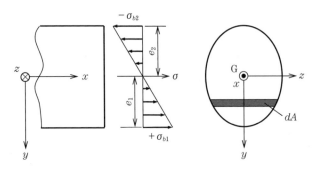

（a） はりの断面上の応力分布　　（b） はりの断面と微小部分

図 7.2　はりの断面上の応力分布と面積分

　図（b）に示す微小部分 dA に生じる応力が断面にもたらすモーメント dM は $\sigma y dA$ であるから，図（a）の応力分布によって断面全体に生じる曲げモーメント M は式(7.4) で求められる。

$$M = \int dM = \int_A \sigma y dA = \int_A \frac{Ey}{\rho} y dA = \frac{E}{\rho} \int_A y^2 dA = \frac{EI}{\rho} \tag{7.4}$$

　ここで用いた y^2 の面積分 I を**断面二次モーメント**（moment of inertia of area）と呼び，式(7.5) のように定義する。また，式(7.4) で EI が大きいと同じ変形をもたらすのに必要なモーメントが大きくなることがわかる。EI ははりの変形に対する抵抗を意味し，**曲げ剛性**（flexural rigidity）と呼ぶ。

$$I = \int_A y^2 dA \tag{7.5}$$

　式(7.2) より，I と M と，図（b）の中立面から下端，上端までの距離 e_1, e_2 を用いて，下端の最大応力 σ_{b1} と上端の最小応力 σ_{b2} は，式(7.6) で求められる。

$$\sigma_{b1} = \frac{M}{I} e_1, \qquad \sigma_{b2} = -\frac{M}{I} e_2 \tag{7.6}$$

これらのはりの上端，下端での応力の極値が設計の際などに参照される。さらに，$Z_1 = I/e_1$, $Z_2 = I/e_2$ とすると，σ_{b1} と σ_{b2} は式(7.7) のように表される。

$$\sigma_{b1} = \frac{M}{Z_1}, \qquad \sigma_{b2} = -\frac{M}{Z_2} \tag{7.7}$$

式(7.7) の Z_1 と Z_2 のことを**断面係数**（section modulus）と呼ぶ。棒状の素材は断面形状が規格化されており，断面係数がカタログに記載されていることが多い。選んだ棒材をはりとして使用するときの曲げモーメントがわかれば，設計に用いる曲げ応力を簡便に求められる。式(7.7) の σ_{b1}，σ_{b2} のように断面上で線形に分布する応力を仮定し，公式的に求めた最大応力のことを「曲げ応力」と呼ぶことがある。

7.2　断面二次モーメントの性質

7.2.1　平 行 軸 の 定 理

式(7.5) に定義する断面二次モーメントは，図7.2の z 軸まわりのモーメントに対して定義されている。この定義による断面二次モーメントを z 軸まわりの曲げに対するとの意味で I_z と書くことにする。

いま，**図 7.3** のように z 軸と平行で，距離 l だけ離れた位置に z_1 軸をもうけ，微小部分 dA までの距離を y_1 とすると，z_1 軸まわりの断面二次モーメント I_{z1} は，断面全体の面積を A として式(7.8) のようになる。

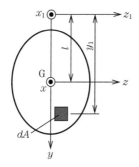

図 7.3　z 軸に平行な z_1 軸に対する断面二次モーメント

$$I_{z1} = \int_A y_1{}^2 dA = \int_A (y+l)^2 dA$$

$$= \int_A y^2 dA + 2l\int_A y dA + l^2 \int_A dA = I_z + l^2 A \tag{7.8}$$

ここで，I_z の決定にあたって z 軸が図心を通ることから y の面積分がゼロになることを使っている。式(7.8) のことを**平行軸の定理**（parallel-axis theorem）と呼ぶ。平行軸の定理は，断面二次モーメントが既知の形状を組み合わせたはり断面の断面二次モーメントを，積分を行わずに簡便に求めるのに使われる。

7.2.2　典型断面形状に対する断面二次モーメント

〔**1**〕 **矩 形 断 面**　　図 **7.4** のように，高さが h，幅が b の矩形（長方形）断面はりを考える。このはりの z 軸まわりの曲げに対する断面二次モーメント I は，式(7.9) のようになる。

$$I = \int_A y^2 dA = \int_{-h/2}^{h/2} y^2 b dy = b\left[\frac{y^3}{3}\right]_{-h/2}^{h/2} = \frac{bh^3}{12} \tag{7.9}$$

式(7.9) は非常によく用いられるため覚えておくとよい。また，断面係数 Z は式(7.10) となる。

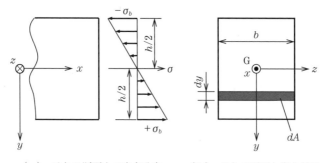

（a）　はりの断面上の応力分布　　（b）　はりの断面と微小部分

図 7.4　矩形断面に対する断面二次モーメントの算出

$$Z = \frac{I}{\dfrac{h}{2}} = \frac{bh^2}{6} \qquad (7.10)$$

〔**2**〕**円 形 断 面**　図**7.5** のような直径が d の円形断面に対する断面二次モーメント I を求めてみる。幅が dy，面積が dA の微小部分を z 軸からの角度 θ の位置にもうけると，微小部分の半幅 z と y 方向の距離 y，dy，dA は式(7.11) のようになる。

$$z = \left(\frac{d}{2}\right)\cos\theta, \qquad y = \left(\frac{d}{2}\right)\sin\theta, \qquad dy = \left(\frac{d}{2}\right)\cos\theta d\theta,$$

$$dA = d\cos\theta dy \qquad (7.11)$$

これらを用いて式(7.12) が得られる。

$$I = \int_A y^2 dA = \int_{-\pi/2}^{\pi/2} \left(\frac{d}{2}\sin\theta\right)^2 2\left(\frac{d}{2}\cos\theta\right)^2 d\theta$$

$$= \frac{d^4}{8}\int_{-\pi/2}^{\pi/2}\sin 2\theta\cos 2\theta d\theta = =\frac{d^4}{8}\int_{-\pi/2}^{\pi/2}\left(\frac{\sin 2\theta}{2}\right)^2 d\theta$$

$$= \frac{d^4}{32}\int_{-\pi/2}^{\pi/2}\left(\frac{1-\cos 4\theta}{2}\right)d\theta = \frac{d^4}{64}\left[\theta - \frac{\sin 4\theta}{4}\right]_{-\pi/2}^{\pi/2}$$

$$= \frac{\pi d^4}{64} \qquad (7.12)$$

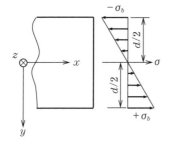

（a）　はりの断面上の応力分布　　（b）　はりの断面と微小部分

図 7.5　円形断面に対する断面二次モーメントの算出

式(7.12) も大変よく使用されるため，覚えておくとよい。

式(7.12) の I が既知であれば，円形断面軸の断面二次極モーメント I_p を簡単に求めることができる。**図7.6** のように座標軸を定義すると，図心は円の中心にあり，微小部分 dA までの距離を r とすると，軸のねじりに対する断面二次極モーメント I_p は式(7.13) のように，式(5.7) と同じになる。

$$I_p = \int_A r^2 dA = \int_A (y^2 + z^2) dA = I_z + I_y = 2I_z$$

$$= 2 \times \frac{\pi d^4}{64} = \frac{\pi d^4}{32} \tag{7.13}$$

ここで，図7.6 より z 軸まわりの曲げと y 軸まわりの曲げが対称であることから，$I_y = I_z$ であることを利用した。

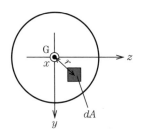

図7.6 円形断面に対する
断面二次極モーメント

演 習 問 題

【7.1】 図7.7(a)，(b)の断面形状に対して，z 軸まわりの断面二次モーメントと断面係数を求めなさい。
- (a) 外径が d_1，内径が d_2 の中空円筒
- (b) 底辺の長さが b，高さが h の二等辺三角形

【7.2】 全長が 420 mm の両端単純支持はりが水平に置かれ，左端から 280 mm 入った位置で下向きの集中荷重 720 N を受けているとき，はりに生じる最大の曲げ応力の大きさを求めなさい。はり断面は幅が 30.0 mm，高さが 8.00 mm の矩形断面とする。

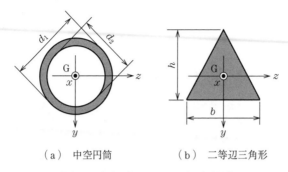

（a） 中空円筒　　　（b） 二等辺三角形

図 7.7　断面二次モーメントと断面係数

【7.3】 全長が 600 mm の片持ばりが水平に置かれ，はりの上面で下向きの等分布荷重 1.20 N/mm を全体にわたって受けているとき，このはりに生じる最大の曲げ応力の大きさを求めなさい。はり断面は直径が 18.0 mm の円形断面とする。

8

はりのたわみ

　プラスチック製の直定規を引っ張って生じる伸びは小さく，目視で観察することは難しいが，曲げて生じるたわみは弾性範囲であっても観察しやすい。これは，弾性範囲でもはりの表面に生じるひずみははりの長さに応じて蓄積され，たわみは大きくなりうるためである。機械部品を設計する際には，部品の破損防止も重要であるが，隣接する部品への接触によって不具合を生じないようにする必要がある。本章で学ぶ線形弾性範囲のたわみは，一つの微分方程式で統一的に取り扱うことができる。

8.1　たわみ曲線の微分方程式

　水平方向に x 軸，下向きに y 軸をとり，水平に置いたはりに正方向の曲げ荷重を加えて変形させたときの状況を**図 8.1**(a)に示す。この図では，正の曲げモーメントを受けて変形した状態で代表させるため，下に凸の変形としている。変形後のはりの形状を表す図中の灰色の曲線のことを**たわみ曲線** (deflection curve) と呼ぶ。

　位置 x におけるはりの傾き（変形後のはりの接線と x 軸のなす角）を θ とすると，位置 $x+dx$ における傾きは $\theta-d\theta$ となる。位置 x における変位 v のことをたわみ，傾き θ のことを**たわみ角** (angle of deflection) と呼ぶ。下に凸な変形の場合，x が増えると θ は減るため，負号が付く。

　曲げモーメント M を受けて図(b)のように変形した微小部分の中立面上の長さ NN′ を ds，曲率半径を ρ とすると，式(8.1) が成立する。

$$\frac{1}{\rho} = -\frac{d\theta}{ds} \tag{8.1}$$

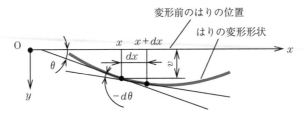

（a） たわみとたわみ角の定義

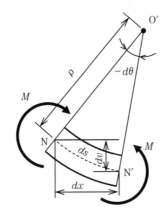

（b） 微小部分の変形状態

図 8.1 曲げモーメントを受けるはりの変形状態

微小部分におけるたわみの増分 dv と dx の間の幾何学的関係と θ が微小であることから，dv/dx は式(8.2) で近似できる。

$$\frac{dv}{dx} = \tan\theta \simeq \theta \tag{8.2}$$

さらに，$ds \simeq dx$ と見なせば式(8.3) が得られる。

$$\frac{1}{\rho} = -\frac{d\theta}{dx} = -\frac{d}{dx}\left(\frac{dv}{dx}\right) = -\frac{d^2v}{dx^2} \tag{8.3}$$

ここで M と ρ の関係である式(7.4) より，はりの曲げ剛性 EI を用いて式(8.4) が得られる。

$$\frac{d^2v}{dx^2} = \frac{d\theta}{dx} = -\frac{1}{\rho} = -\frac{M}{EI} \tag{8.4}$$

式(8.4) を**たわみ曲線の微分方程式**（differential equation of deflection curve）と呼び，曲げモーメントを受けて，xy 平面内で弾性範囲の微小な変形を生じるはりに統一的に適用できる。なお，ここでせん断応力による変形は考慮していないが，細くて長いはりであれば，その影響は小さいと考えてよい。

8.2 典型的なはりのたわみ

8.2.1 集中荷重を受ける両端単純支持はり

図 8.2 のような，中央の位置 C（$x=l/2$）で集中荷重 P を受ける全長 l の両端単純支持はり AB のたわみ v とたわみ角 θ を求める。曲げ剛性は EI とする。

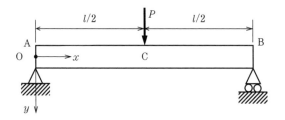

図 8.2　中央で集中荷重を受ける両端単純支持はり

このはりにおけるせん断力 F の分布は，式(6.8a) で $a=l/2$ と代入することで式(8.5) のように求まる。

$$F=\begin{cases} \dfrac{P}{2} & (0 \leqq x \leqq l/2) \\[2mm] -\dfrac{P}{2} & (l/2 \leqq x \leqq l) \end{cases} \tag{8.5}$$

曲げモーメント M は 6.1.2 項ではモーメントのつり合いから求めたが，ここでは式(6.18) を使い積分により求めてみる。まず，AC 間について式(8.6a) となる。

$$M=\int F dx = \int \frac{P}{2} dx = \frac{P}{2}x + C_1 \tag{8.6a}$$

ここで左端 A $(x=0)$ は回転支持のため，$M=0$ となることから，$C_1=0$ となる。
　CB 間について，M は式(8.6b) となる。

$$M = \int F dx = \int \left(-\frac{P}{2}\right) dx = -\frac{P}{2}x + C_2 \tag{8.6b}$$

ここで右端 B が回転・移動支持であることから，$x=l$ で $M=0$ となるように $C_2=Pl/2$ と定まる。式(8.6a) と式(8.6b) を合わせて式(8.7) を得る。

$$M = \begin{cases} \dfrac{P}{2}x & (0 \leq x \leq l/2) \\[2mm] \dfrac{P}{2}(l-x) & (l/2 \leq x \leq l) \end{cases} \tag{8.7}$$

　式(8.7) を式(8.4) に代入し，x で1回積分するとたわみ角が求まり，さらにもう1回積分するとたわみが求まる。ここでは，AC 間のたわみとたわみ角を v_{AC} と θ_{AC}，CB 間のたわみとたわみ角を v_{CB} と θ_{CB} として，それぞれ求めることにする。

〔1〕 **AC 間 ($0 \leq x \leq l/2$)**　　AC 間では，たわみ曲線の微分方程式は式(8.8) となる。

$$\frac{d^2 v_{AC}}{dx^2} = -\frac{M}{EI} = -\frac{P}{2EI}x \tag{8.8}$$

式(8.8) を x で1回積分すると，式(8.9a) を得る。

$$\theta_{AC} = \frac{dv_{AC}}{dx} = -\frac{P}{2EI}\left(\frac{x^2}{2} + C_3\right) \tag{8.9a}$$

ここで，問題の対称性から中央の位置 C におけるたわみ角がゼロになることを使うと，$C_3 = -l^2/8$ となり，あらためて式(8.9b) を得る。位置 C でたわみが極大となることから，たわみの微分がゼロになると考えても同じ式が得られる。

$$\theta_{AC} = -\frac{P}{2EI}\left(\frac{x^2}{2} - \frac{l^2}{8}\right) = -\frac{P}{16EI}(4x^2 - l^2) \tag{8.9b}$$

　式(8.9b) を再度，x で積分して式(8.10a) を得る。

$$v_{AC} = -\frac{P}{2EI}\left(\frac{x^3}{6} - \frac{l^2}{8}x + C_4\right) \tag{8.10a}$$

ここで，左端 A $(x=0)$ でたわみがゼロであることを使うと $C_4=0$ となり，あらためて式(8.10b) を得る。

$$v_{AC} = -\frac{P}{2EI}\left(\frac{x^3}{6} - \frac{l^2}{8}x\right) = -\frac{P}{48EI}(4x^3 - 3l^2x) \tag{8.10b}$$

〔2〕 **CB 間** $(l/2 \leqq x \leqq l)$　　CB 間では，たわみの微分方程式は式(8.11) となる。

$$\frac{d^2v_{CB}}{dx^2} = -\frac{M}{EI} = -\frac{P}{2EI}(l-x) \tag{8.11}$$

式(8.11) を x で 1 回積分すると，式(8.12a) が得られる。

$$\theta_{CB} = \frac{dv_{CB}}{dx} = -\frac{P}{2EI}\left\{-\frac{(l-x)^2}{2} + C_5\right\} \tag{8.12a}$$

ここで，位置 C におけるたわみ角がゼロとなる条件を用いて，$C_5 = l^2/8$ と決まり，式(8.12b) が得られる。

$$\theta_{CB} = -\frac{P}{2EI}\left\{-\frac{(l-x)^2}{2} + \frac{l^2}{8}\right\} = -\frac{P}{16EI}\left\{-4(l-x)^2 - l^2\right\} \tag{8.12b}$$

式(8.12b) を再度，x で積分すると式(8.13a) となる。

$$v_{CB} = -\frac{P}{2EI}\left\{\frac{(l-x)^3}{6} - \frac{l^2}{8}(l-x) + C_6\right\} \tag{8.13a}$$

ここで，右端 B $(x=l)$ でたわみがゼロであることを考えると，$C_6=0$ であることがわかり，あらためて式(8.13b) を得る。

$$v_{CB} = -\frac{P}{2EI}\left\{\frac{(l-x)^3}{6} - \frac{l^2}{8}(l-x)\right\} = -\frac{P}{48EI}\left\{4(l-x)^3 - 3l^2(l-x)\right\} \tag{8.13b}$$

絶対値が最大のたわみ角 θ_{max} は支持点に生じ，式(8.14a) となる。

$$\theta_{\max} = \frac{Pl^2}{16EI} \tag{8.14a}$$

絶対値が最大のたわみ $v_{\max}$ は位置 C に生じ，式(8.14b) となる。

$$v_{\max} = \frac{Pl^3}{48EI} \tag{8.14b}$$

8.2.2　等分布荷重を受ける両端単純支持はり

　図 **8.3** に示すような，全長 l の両端単純支持はり AB が上面に等分布荷重 w を受けるときのたわみ v とたわみ角 θ を求める。曲げ剛性は EI とする。この場合，せん断力 F の分布は図 6.11(a)のようになり，式(8.15) で表せる。

$$F = -wx + \frac{wl}{2} \tag{8.15}$$

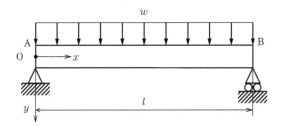

図 8.3　等分布荷重を受ける両端単純支持はり

　これを x で積分すると，曲げモーメント M の分布として式(8.16a)が得られる。

$$M = \int F dx = \int \left(-wx + \frac{wl}{2} \right) dx = -\frac{w}{2}x^2 + \frac{wl}{2}x + C_1 \tag{8.16a}$$

ここで左端 A の境界条件から，$x=0$ で $M=0$ であることを用いれば，$C_1=0$ と定まり，あらためて式(8.16b) を得る。

$$M = -\frac{w}{2}x^2 + \frac{wl}{2}x = \frac{w}{2}\left(-x^2 + lx \right) \tag{8.16b}$$

　たわみ曲線の微分方程式 (8.4) に式(8.16b) を適用すると，式(8.17) が得られる。

$$\frac{d^2v}{dx^2} = -\frac{M}{EI} = \frac{w}{2EI}(x^2 - lx) \tag{8.17}$$

これを x で 1 回積分すると，式(8.18) が得られる。

$$\theta = \frac{dv}{dx} = \frac{w}{2EI}\left(\frac{x^3}{3} - \frac{l}{2}x^2 + C_2\right) \tag{8.18}$$

式(8.18) を x でもう 1 回積分すると，式(8.19a) となる。

$$v = \frac{w}{2EI}\left(\frac{x^4}{12} - \frac{l}{6}x^3 + C_2x + C_3\right) \tag{8.19a}$$

ここで，左端 A におけるたわみがゼロであることを使うと，$C_3 = 0$ となり，あらためて式(8.19b) を得る。

$$v = \frac{w}{2EI}\left(\frac{x^4}{12} - \frac{l}{6}x^3 + C_2x\right) \tag{8.19b}$$

さらに，右端 B におけるたわみもゼロであることから，$C_2 = l^3/12$ と求まり，式(8.19c) となる。

$$v = \frac{w}{2EI}\left(\frac{x^4}{12} - \frac{l}{6}x^3 + \frac{l^3}{12}x\right) = \frac{wx}{24EI}(x^3 - 2lx^2 + l^3) \tag{8.19c}$$

$C_2 = l^3/12$ を式(8.18) に代入すると，たわみ角に対する式(8.20) が得られる。

$$\theta = \frac{w}{2EI}\left(\frac{x^3}{3} - \frac{l}{2}x^2 + \frac{l^3}{12}\right)$$

$$= \frac{w}{24EI}(4x^3 - 6lx^2 + l^3) \tag{8.20}$$

絶対値が最大のたわみ角 θ_{max} は支持点に生じ，式(8.21) となる。

$$\theta_{max} = \frac{wl^3}{24EI} \tag{8.21}$$

絶対値が最大のたわみ v_{max} は中央に生じ，式(8.22) となる。

$$v_{max} = \frac{w}{24EI}\left(\frac{l^4}{16} - \frac{l^4}{4} + \frac{l^4}{2}\right) = \frac{5wl^4}{384EI} \tag{8.22}$$

8.2.3 自由端に集中荷重を受ける片持ばり

図 8.4 のような，自由端に集中荷重 P を受ける全長 l の片持ばり AB のたわみ v とたわみ角 θ を求める。6.1.4 項で求めたように，このはりに生じるせん断力 F は $-P$ で全長にわたって一定のため，曲げモーメント M は式(8.23a) のようになる。

$$M = \int F dx = \int (-P) dx = -Px + C_1 \tag{8.23a}$$

ここで，自由端 A における曲げモーメントがゼロであることを用いれば，$C_1 = 0$ と求まり，式(8.23a) はあらためて式(8.23b) となる。

$$M = -Px \tag{8.23b}$$

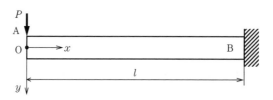

図 8.4 集中荷重を受ける片持ばり

たわみ曲線の微分方程式は，曲げ剛性を EI として式(8.24) となる。

$$\frac{d^2 v}{dx^2} = -\frac{M}{EI} = \frac{P}{EI} x \tag{8.24}$$

式(8.24) を x で 1 回積分して，式(8.25a) を得る。

$$\theta = \frac{dv}{dx} = \frac{P}{EI} \left(\frac{x^2}{2} + C_2 \right) \tag{8.25a}$$

ここで，固定端 B $(x = l)$ で $\theta = 0$ となる境界条件を考慮すると，$C_2 = -l^2/2$ と求まり，式(8.25b) を得る。

$$\theta = \frac{P}{EI} \left(\frac{x^2}{2} - \frac{l^2}{2} \right) = \frac{P}{2EI} (x^2 - l^2) \tag{8.25b}$$

式(8.25b) を x でもう 1 回積分すると，式(8.26a) を得る。

$$v = \frac{P}{2EI}\left(\frac{x^3}{3} - l^2 x + C_3\right) \tag{8.26a}$$

ここで固定端の境界条件より，$x = l$ で $v = 0$ となることを用いて，$C_3 = 2l^3/3$ と求め，式(8.26b) を得る。

$$v = \frac{P}{2EI}\left(\frac{x^3}{3} - l^2 x + \frac{2l^3}{3}\right) = \frac{P}{6EI}(x^3 - 3l^2 x + 2l^3) \tag{8.26b}$$

絶対値が最大となるたわみ角 $\theta_{\max}$ は自由端に生じ，式(8.27) となる。

$$\theta_{\max} = -\frac{Pl^2}{2EI} \tag{8.27}$$

絶対値が最大となるたわみ $v_{\max}$ は自由端に生じ，式(8.28) となる。

$$v_{\max} = \frac{Pl^3}{3EI} \tag{8.28}$$

8.2.4 等分布荷重を受ける片持ばり

図 8.5 のように，等分布荷重 w を受ける全長が l の片持ばり AB におけるたわみ v とたわみ角 θ を求める。はりの曲げ剛性は EI とする。このはりに生じるせん断力 F は，6.1.5 項で求めたように式(8.29) となる。

$$F = -wx \tag{8.29}$$

これを x で 1 回積分すると，曲げモーメント M は式(8.30a) のようになる。

$$M = \int F dx = \int (-wx)dx = -\frac{w}{2}x^2 + C_1 \tag{8.30a}$$

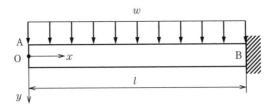

図 8.5 等分布荷重を受ける片持ばり

自由端 A の境界条件より，$x=0$ において $M=0$ であることから，$C_1=0$ と求まり，あらためて式(8.30b) を得る。

$$M = -\frac{w}{2}x^2 \tag{8.30b}$$

式(8.30b) をたわみ曲線の微分方程式 (8.4) に代入すると，式(8.31) を得る。

$$\frac{d^2v}{dx^2} = -\frac{M}{EI} = \frac{w}{2EI}x^2 \tag{8.31}$$

式(8.31) を x で 1 回積分して，式(8.32a) を得る。

$$\theta = \frac{dv}{dx} = \frac{w}{2EI}\left(\frac{x^3}{3} + C_2\right) \tag{8.32a}$$

固定端 B の境界条件より，$x=l$ で $\theta=0$ となることを用いて，$C_2 = -l^3/3$ と求まり，式(8.32b) を得る。

$$\theta = \frac{w}{2EI}\left(\frac{x^3}{3} - \frac{l^3}{3}\right) = \frac{w}{6EI}(x^3 - l^3) \tag{8.32b}$$

式(8.32b) をもう 1 回積分すると，式(8.33a) となる。

$$v = \frac{w}{6EI}\left(\frac{x^4}{4} - l^3x + C_3\right) \tag{8.33a}$$

固定端 B の境界条件より，$x=l$ で $v=0$ となることを用いて，$C_3 = 3l^4/4$ と求め，式(8.33b) を得る。

$$v = \frac{w}{6EI}\left(\frac{x^4}{4} - l^3x + \frac{3l^4}{4}\right) = \frac{w}{24EI}(x^4 - 4l^3x + 3l^4) \tag{8.33b}$$

絶対値が最大となるたわみ角 θ_{max} は自由端に生じ，式(8.34) となる。

$$\theta_{max} = -\frac{wl^3}{6EI} \tag{8.34}$$

絶対値が最大となるたわみ v_{max} は自由端に生じ，式(8.35) となる。

$$v_{max} = \frac{wl^4}{8EI} \tag{8.35}$$

8.3 不静定ばり（重ね合わせの原理）

　これまで扱ってきたはりは，つり合い関係から反力・反モーメントを求められる**静定問題**（statically determinate problem）であったが，例えば**図 8.6** に示す一端固定—他端支持はりの場合は，つり合い関係からすべての反力・反モーメントを求めることができない**不静定問題**（statically indeterminate problem）である。不静定問題の場合は，つり合い関係から求めきれなかった荷重を未知荷重のまま取り扱い，変形に関する条件を加えることで解けることが多い。

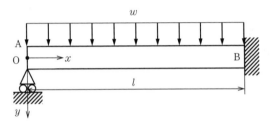

図 8.6　等分布荷重を受ける一端固定—他端支持はり

　図 8.6 の一端固定—他端支持はり AB に対して，自由物体図を**図 8.7** のように描く。図示にあたり回転・移動支持端 A における反力を R_A，固定端 B における反力を R_B，反モーメントを M_B とし，それぞれせん断力と曲げモーメントの正方向を向くと仮定している。

　まず，y 方向のつり合い関係から式(8.36) が得られる。

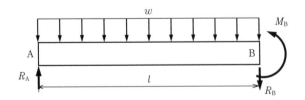

図 8.7　等分布荷重を受ける一端固定—他端支持はりの自由物体図

$$R_A = wl + R_B \tag{8.36}$$

つぎに，固定端まわりのモーメントのつり合いから式(8.37) が得られる。

$$M_B = -\frac{wl^2}{2} + R_A l \tag{8.37}$$

つり合い関係はこの二つであるから，三つの未知荷重を求めきることはできず，R_A はこのまま扱うこととする。

また，図 8.7 を見ると，自由端に集中荷重 $-R_A$ を受ける片持ばりと，等分布荷重を受ける片持ばりとに問題を分けることができる。線形重ね合わせの原理に基づけば，荷重を一つずつ受ける場合の左端のたわみをそれぞれ求めて，その合計がゼロになればよいことがわかる。

まず，自由端に集中荷重を受ける片持ばりの自由端のたわみ v_{R_A} は，式(8.28) より式(8.38) とする。

$$v_{R_A} = -\frac{R_A l^3}{3EI} \tag{8.38}$$

つぎに，等分布荷重を受ける片持ばりのたわみ v_w は，式(8.35) より式(8.39) とする。

$$v_w = \frac{wl^4}{8EI} \tag{8.39}$$

実際には左端は支持され，二つの荷重を同時に受けるときの自由端のたわみは v_{R_A} と v_w の合計となり，式(8.40) が成り立つ。

$$v_{R_A} + v_w = -\frac{R_A l^3}{3EI} + \frac{wl^4}{8EI} = 0 \tag{8.40}$$

式(8.40) より，R_A は式(8.41) のように定まる。

$$R_A = \frac{3wl}{8} \tag{8.41}$$

式(8.41) より順次，反力 R_B，反モーメント M_B が式(8.42), (8.43) のように定まる。

$$R_B = R_A - wl = \frac{3wl}{8} - wl = -\frac{5wl}{8} \tag{8.42}$$

$$M_B = -\frac{wl^2}{2} + \frac{3wl^2}{8} = -\frac{wl^2}{8} \tag{8.43}$$

位置 x で仮想切断した面のせん断力 F は，式(8.44) のように定まる。

$$F = R_A - wx = -wx + \frac{3wl}{8} \tag{8.44}$$

式(8.44) を x で積分すると，仮想切断面にはたらく曲げモーメント M は式(8.45a) となる。

$$M = \int F dx = \int \left(-wx + \frac{3wl}{8} \right) dx = -\frac{w}{2}x^2 + \frac{3wl}{8}x + C_1 \tag{8.45a}$$

左端 A は回転・移動支持のため $M=0$ であるから，$C_1=0$ となり，あらためて式(8.45b) を得る。

$$M = -\frac{w}{2}x^2 + \frac{3wl}{8}x \tag{8.45b}$$

式(8.45b) をたわみ曲線の微分方程式 (8.4) に代入すると，式(8.46) を得る。

$$\frac{d^2v}{dx^2} = -\frac{M}{EI} = \frac{w}{2EI}x^2 - \frac{3wl}{8EI}x = \frac{w}{8EI}(4x^2 - 3lx) \tag{8.46}$$

式(8.46) を x で 1 回積分して，式(8.47a) を得る。

$$\theta = \frac{dv}{dx} = \frac{w}{8EI}\left(\frac{4}{3}x^3 - \frac{3l}{2}x^2 + C_2 \right) \tag{8.47a}$$

ここで，固定端 B の境界条件より，$x=l$ で $\theta=0$ となることを用いて，$C_2=l^3/6$ と求め，式(8.47b) を得る。

$$\theta = \frac{w}{8EI}\left(\frac{4}{3}x^3 - \frac{3l}{2}x^2 + \frac{l^3}{6} \right) = \frac{w}{48EI}(8x^3 - 9lx^2 + l^3) \tag{8.47b}$$

式(8.47b) を x でもう 1 回積分すると，式(8.48a) となる。

$$v = \frac{w}{48EI}(2x^4 - 3lx^3 + l^3x + C_3) \tag{8.48a}$$

ここで，左端 A の境界条件より，$x=0$ で $v=0$ となることを用いて，$C_3=0$ と求め，式(8.48b) を得る。

$$v = \frac{w}{48EI}(2x^4 - 3lx^3 + l^3x) \tag{8.48b}$$

演 習 問 題

【8.1】 図 6.26 のように，左端を回転支持，右端を回転・移動支持とする全長が l の両端単純支持はりで，右端でモーメント M_0 を受けるときのたわみ角 θ とたわみ v を求めなさい。はりの曲げ剛性は EI とする。左端を原点とし，水平右向きに x 軸をとる。

【8.2】 図 6.27 のように，左端を自由端，右端を固定端とする全長が l の片持ばりで，左端から右端にかけて直線的に増加する下向き非等分布荷重を受けるときのたわみ角 θ とたわみ v を求めなさい。はりの曲げ剛性は EI とする。左端を原点とし，水平右向きに x 軸をとる。分布荷重は左端でゼロ，右端で w_0 とする。

【8.3】 図 6.28 のように，左端を自由端，右端を固定端とする全長が l の片持ばりで，左側半分の範囲で下向きの等分布荷重 w を受けるときのたわみ角 θ とたわみ v を求めなさい。はりの曲げ剛性は EI とする。左端を原点とし，水平右向きに x 軸をとる。

9 組合せ応力

これまで細長い棒状の部品における一方向の応力を取り扱ってきたが，一般の部品は形状が複雑で三次元的に応力が発生しうる。また，近年普及が進んでいる有限要素法による三次元解析を行った結果は，3方向の垂直応力とせん断応力が与えられ，結果の解釈が複雑になる。本章では三次元体に対する応力とひずみの定義を示した後，手計算でも検討しうる棒および平板問題を考える。

9.1 三次元体における応力とひずみ

9.1.1 三次元体における応力成分

任意形状の部品で応力が場所によって異なっても，微小部分を切り出せば，その領域内での応力はほぼ一様とみなしうる。座標軸との対応が明確になるよう図 9.1 のような微小な平行六面体を考え，その六つの面上の応力を座標軸に応じて定義する。σ_x, σ_y, σ_z は垂直応力で，それぞれ x 軸，y 軸，z 軸を法線とする面にはたらくものとする。ここで物体力ははたらかないとすると，つり

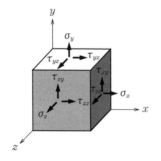

図 9.1 xyz 空間中の微小平行六面体の各面に生じる応力成分

合い関係より，3組ある平行な二つの面に生じる応力は，逆向きで大きさが等しくなる。

せん断応力は，生じる面の法線方向とせん断応力の方向の二つの座標軸を示すこととする。τ_{xy} と書かれていれば，x 軸に垂直な面にはたらく y 方向のせん断応力と定める。2.2.2 項で述べたように，隣接して直交する二つの面にはたらく同一面内のせん断応力は大きさが等しい（共役）ため，式(9.1) が成り立つ。

$$\tau_{xy} = \tau_{yx}, \qquad \tau_{yz} = \tau_{zy}, \qquad \tau_{zx} = \tau_{xz} \tag{9.1}$$

式(9.1) から，三次元体に生じる独立した応力は六つあり，これらを**応力成分**（stress component）と呼ぶ。

9.1.2 三次元体における変位とひずみ成分

図式的に理解するため二次元問題を考え，変形が xy 平面内で生じる微小平板 OABC を取り上げる。微小平板の x 方向の幅を dx，y 方向の高さを dy とし，**図 9.2** のように変形して O′A′B′C′ になったとする。図では点 O の変位ベクトルを (u, v)，O′A′ の x 軸に対する傾きを α，O′C′ の y 軸に対する傾きを β としている。

変形が微小であるとすれば，x 方向の垂直ひずみ ε_x は，線 OA の伸びから式(9.2a) のように近似できる。

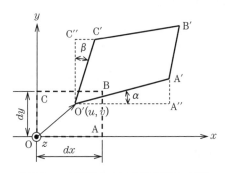

図 9.2 xy 平面上における微小平板の変形

$$\varepsilon_x = \frac{O'A' - OA}{OA} \simeq \frac{O'A'' - OA}{OA} = \frac{u + \dfrac{\partial u}{\partial x} dx - u}{dx} = \frac{\partial u}{\partial x} \tag{9.2a}$$

同様に，y 方向の垂直ひずみ ε_y は線 OC の伸びを考え，式(9.2b) で近似できる。

$$\varepsilon_y = \frac{O'C' - OC}{OC} \simeq \frac{O'C'' - OC}{OC} = \frac{v + \dfrac{\partial v}{\partial y} dy - v}{dy} = \frac{\partial v}{\partial y} \tag{9.2b}$$

せん断ひずみ γ_{xy} は $\angle$COA の角度の変化であるから，式(9.3) で近似できる。

$$\gamma_{xy} = \alpha + \beta \simeq \tan\alpha + \tan\beta = \frac{A'A''}{O'A''} + \frac{C'C''}{O'C''} = \frac{\partial v}{\partial x} + \frac{\partial u}{\partial y} \tag{9.3}$$

同じ議論を三次元の微小平行六面体に対して拡張すると，任意の点 P の変位ベクトルが $(u,\ v,\ w)$ であったときの，点 P の位置における 3 方向の垂直ひずみはそれぞれ式(9.4) で表される。

$$\varepsilon_x = \frac{\partial u}{\partial x}, \qquad \varepsilon_y = \frac{\partial v}{\partial y}, \qquad \varepsilon_z = \frac{\partial w}{\partial z} \tag{9.4}$$

せん断ひずみ γ_{xy}，γ_{yz}，γ_{zx} についても，式(9.3) と同様に式(9.5) で表せる。

$$\gamma_{xy} = \frac{\partial v}{\partial x} + \frac{\partial u}{\partial y}, \qquad \gamma_{yz} = \frac{\partial w}{\partial y} + \frac{\partial v}{\partial z}, \qquad \gamma_{zx} = \frac{\partial u}{\partial z} + \frac{\partial w}{\partial x} \tag{9.5}$$

9.1.3　三次元弾性体における応力とひずみの関係

変形が微小で弾性範囲であれば，線形重ね合わせの原理が成り立つため，図 9.1 に示した六つの応力成分がもたらす微小平行六面体のひずみは，応力成分を一つずつ与えたときに生じるひずみを加算したものに等しくなる。このため，棒に対するフックの法則を拡張し，ヤング率を E，ポアソン比を ν として，式(9.6a)〜(9.6c) が得られる。

$$\varepsilon_x = \frac{\sigma_x}{E} - \frac{\nu(\sigma_y + \sigma_z)}{E} \tag{9.6a}$$

$$\varepsilon_y = \frac{\sigma_y}{E} - \frac{\nu(\sigma_z + \sigma_x)}{E} \tag{9.6b}$$

$$\varepsilon_z = \frac{\sigma_z}{E} - \frac{\nu(\sigma_x + \sigma_y)}{E} \tag{9.6c}$$

また，せん断応力に対応したせん断ひずみは，せん断弾性係数を G として式(9.7) となる。

$$\gamma_{xy} = \frac{\tau_{xy}}{G}, \qquad \gamma_{yz} = \frac{\tau_{yz}}{G}, \qquad \gamma_{zx} = \frac{\tau_{zx}}{G} \tag{9.7}$$

式(9.6a)～(9.7) を連立させ，ひずみ成分から応力成分を求める式に書き換えると，式(9.8a)～(9.9) のようになる。

$$\sigma_x = \frac{E}{(1+\nu)(1-2\nu)}\{(1-\nu)\varepsilon_x + \nu(\varepsilon_y + \varepsilon_z)\} \tag{9.8a}$$

$$\sigma_y = \frac{E}{(1+\nu)(1-2\nu)}\{(1-\nu)\varepsilon_y + \nu(\varepsilon_z + \varepsilon_x)\} \tag{9.8b}$$

$$\sigma_z = \frac{E}{(1+\nu)(1-2\nu)}\{(1-\nu)\varepsilon_z + \nu(\varepsilon_x + \varepsilon_y)\} \tag{9.8c}$$

$$\tau_{xy} = G\gamma_{xy}, \qquad \tau_{yz} = G\gamma_{yz}, \qquad \tau_{zx} = G\gamma_{zx} \tag{9.9}$$

式(9.6a)～(9.9) を**一般化したフックの法則**（generalized Hooke's law）と呼ぶ。

9.1.4 弾性特性係数間の関係

〔1〕 **体積弾性係数**　図 9.1 のような微小平行六面体の x 軸，y 軸，z 軸に平行な各辺の長さがそれぞれ dx, dy, dz であったとすると，その体積 V は $dxdydz$ になる。各面にはたらく応力が垂直応力のみで等しく，$\sigma_x = \sigma_y = \sigma_z = p$ とすると，せん断ひずみは発生せず，弾性的に体積が変化する。ここで体積の変化を ΔV とすれば，式(9.10) で**体積ひずみ**（dilatation）ε_V を定義できる。

$$\varepsilon_V = \frac{\Delta V}{V} = \frac{(1+\varepsilon_x)dx(1+\varepsilon_y)dy(1+\varepsilon_z)dz - dxdydz}{dxdydz}$$

$$= (1+\varepsilon_x)(1+\varepsilon_y)(1+\varepsilon_z) - 1 \tag{9.10}$$

ひずみの二次以上の微小項を無視すると，式(9.11) を得る。

$$\varepsilon_V = \varepsilon_x + \varepsilon_y + \varepsilon_z \tag{9.11}$$

ここで式(9.6a)〜(9.6c) を適用すると，p と ε_V の関係は式(9.12) となる。

$$\varepsilon_V = \frac{1-2\nu}{E}(\sigma_x + \sigma_y + \sigma_z) = \frac{3(1-2\nu)}{E}p \tag{9.12}$$

ここで得られた p の係数から，**体積弾性係数**（bulk modulus）K が式(9.13) のように定まる。

$$K = \frac{p}{\varepsilon_V} = \frac{E}{3(1-2\nu)} \tag{9.13}$$

式(9.13) から，ポアソン比は 0.5 未満であることがわかる。

　〔**2**〕　**せん断弾性係数**　　図 **9.3** に示すような，xy 平面上に置かれる一辺の長さが a，板厚が t の正方形平板 ABCD を考える。正方形 ABCD の中に ABCD の各辺の中点をつないでできる正方形 EFGH を描く。

　いま，正方形平板 ABCD の垂直な面 BC と DA には引張応力 $\sigma_x = \sigma$ が，水平な面 AB と CD には大きさが同じ圧縮応力 $\sigma_y = -\sigma$ がはたらくとすると，図

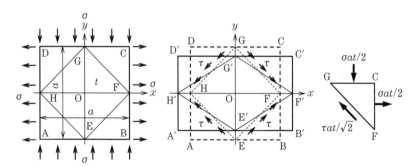

（a）　引張と圧縮を受ける正方形　　（b）　二つの正方形の　（c）　三角形 FCG におけ
　　　平板上に描いた内接正方形　　　　　　変形状態　　　　　　るつり合い関係

図 9.3　xy 平面上における正方形平板の変形

（c）に描いた三角形平板 FCG における三つの力のつり合いから，面 FG にはせん断応力 τ のみが生じること，τ の大きさは σ と等しいことがわかる。同様に仮想切断面 EF，GH，HE にもそれぞれ τ のみが生じることがわかる。

　正方形平板の外面には垂直応力しかはたらかないため，平板は A′B′C′D′ のように長方形状に変形し，4 辺上でせん断ひずみは生じない。このため，ひずみ成分 ε_x，ε_y は式(9.6a) と式(9.6b) で $\sigma_z = 0$ とおいて，式(9.14) となる。

$$\varepsilon_x = -\varepsilon_y = \frac{(1+\nu)\sigma}{E} \tag{9.14}$$

　正方形 EFGH は 4 辺にせん断応力 τ のみを受けてひし形に変形する。このときのせん断ひずみを γ とすると，γ は ∠OFG の角度の変化の 2 倍に等しいことから，変形後の角度 ∠OF′G′ は式(9.15) となる。

$$\angle \mathrm{OF'G'} = \frac{\pi}{4} - \frac{\gamma}{2} \tag{9.15}$$

さらに，式(9.14) を用いて式(9.16) を得る。

$$\tan(\angle \mathrm{OF'G'}) = \frac{\mathrm{OG'}}{\mathrm{OF'}} = \frac{(1+\varepsilon_y)a/2}{(1+\varepsilon_x)a/2} = \frac{1-\varepsilon_x}{1+\varepsilon_x} \tag{9.16}$$

さらに整理を進め，式(9.15) と γ が微小であることを用いると，式(9.17) を得る。

$$\tan(\angle \mathrm{OF'G'}) = \frac{\sin\left(\dfrac{\pi}{4} - \dfrac{\gamma}{2}\right)}{\cos\left(\dfrac{\pi}{4} - \dfrac{\gamma}{2}\right)} = \frac{\cos\dfrac{\gamma}{2} - \sin\dfrac{\gamma}{2}}{\cos\dfrac{\gamma}{2} + \sin\dfrac{\gamma}{2}}$$

$$= \frac{1 - \tan\dfrac{\gamma}{2}}{1 + \tan\dfrac{\gamma}{2}} \simeq \frac{1 - \dfrac{\gamma}{2}}{1 + \dfrac{\gamma}{2}} \tag{9.17}$$

　式(9.16) と式(9.17) を比較すると，式(9.18) を得る。

$$\frac{1-\varepsilon_x}{1+\varepsilon_x} \simeq \frac{1 - \dfrac{\gamma}{2}}{1 + \dfrac{\gamma}{2}}, \qquad \varepsilon_x \simeq \frac{\gamma}{2} \tag{9.18}$$

式(9.18) の関係を式(9.14) に代入すると，式(9.19) が得られる。

$$\varepsilon_x = \frac{(1+\nu)\sigma}{E} = \frac{\gamma}{2} \tag{9.19}$$

さらにフックの法則，$\tau = G\gamma$ と，ここでは $\sigma = \tau$ であることを用いて，式(9.20)に至る。これは式(2.13) ですでに示してある。

$$G = \frac{E}{2(1+\nu)} \tag{9.20}$$

9.2　平面応力と平面ひずみ

9.2.1　平 面 応 力

　薄い平板の表面の応力は大気圧とつり合うため，普通の金属材料であれば無視できる程度と考えられる。板厚方向の応力 σ_z をゼロと見なすことができ，かつ変形が xy 平面内にとどまる状態を**平面応力**（plane stress）と呼ぶ。例えば，薄肉の円筒容器や球形タンクに内圧を与えても，壁面の微小部分は同心円状に変形するだけで，せん断応力・せん断ひずみを生じない。また板厚方向の応力も低いことから，このような状態に近いと考えられる。

　平面応力の場合，考慮すべき応力成分は σ_x，σ_y，τ_{xy} の3成分，ひずみ成分は ε_x，ε_y，ε_z，γ_{xy} の4成分となる。フックの法則を用いると，応力成分とひずみ成分の関係は式(9.21) となる。

$$\varepsilon_x = \frac{\sigma_x}{E} - \frac{\nu\sigma_y}{E}, \qquad \varepsilon_y = \frac{\sigma_y}{E} - \frac{\nu\sigma_x}{E}, \qquad \varepsilon_z = -\frac{\nu(\sigma_x+\sigma_y)}{E},$$

$$\gamma_{xy} = \frac{\tau_{xy}}{G} \tag{9.21}$$

　逆にひずみ成分から応力成分を求める式は，式(9.22) のようになる。

$$\sigma_x = \frac{E}{1-\nu^2}(\varepsilon_x + \nu\varepsilon_y), \qquad \sigma_y = \frac{E}{1-\nu^2}(\varepsilon_y + \nu\varepsilon_x), \qquad \tau_{xy} = G\gamma_{xy} \tag{9.22}$$

なお，$\sigma_z = \tau_{yz} = \tau_{zx} = 0$，$\gamma_{yz} = \gamma_{zx} = 0$ である。

9.2.2 平 面 ひ ず み

　板厚が厚い場合は，板厚方向のひずみ ε_z は無視できるが，板厚方向応力 σ_z は無視できないと考える。このような状態を**平面ひずみ**（plane strain）と呼ぶ。山の中腹にまっすぐなトンネルを建設し，トンネルの入口から出口方向を見て，トンネル周辺部分を二次元平板と見なす場合などがこのような状態に近い。

　応力成分とひずみ成分の関係は，式(9.23) となる。

$$\varepsilon_x = \frac{1-\nu^2}{E}\left(\sigma_x - \frac{\nu}{1-\nu}\sigma_y\right), \qquad \varepsilon_y = \frac{1-\nu^2}{E}\left(\sigma_y - \frac{\nu}{1-\nu}\sigma_x\right),$$

$$\gamma_{xy} = \frac{\tau_{xy}}{G} \tag{9.23}$$

ひずみ成分から応力成分を求める式は，式(9.24a)〜(9.24d) となる。

$$\sigma_x = \frac{E}{(1+\nu)(1-2\nu)}\{(1-\nu)\varepsilon_x + \nu\varepsilon_y\} \tag{9.24a}$$

$$\sigma_y = \frac{E}{(1+\nu)(1-2\nu)}\{(1-\nu)\varepsilon_y + \nu\varepsilon_x\} \tag{9.24b}$$

$$\sigma_z = \frac{\nu E}{(1+\nu)(1-2\nu)}(\varepsilon_x + \varepsilon_y) \tag{9.24c}$$

$$\tau_{xy} = G\gamma_{xy} \tag{9.24d}$$

なお，$\tau_{yz}=\tau_{zx}=0$，$\varepsilon_z=\gamma_{yz}=\gamma_{zx}=0$ である。

9.3　主応力と主せん断応力

9.3.1　軸力を受ける棒の傾斜断面上の応力

　図 **9.4** に示すような，x 軸に沿って置いた棒に軸力 P がはたらくとき，x 軸に直交する面積が A_x の仮想切断面上の垂直応力 σ_x は，式(9.25) から得られる。

$$\sigma_x = \frac{P}{A_x} \tag{9.25}$$

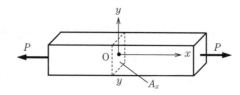

（a） x 方向の軸力を受ける棒

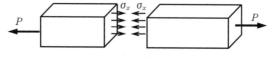

（b） x 軸に直交する仮想切断面上の応力

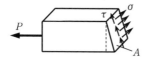

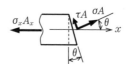

（c） x 軸と角度 θ をなす
仮想切断面上の応力

（d） 仮想切断面にはたらく二つ
の荷重と軸力のつり合い

図 9.4　軸力を受ける棒の傾斜断面に生じる応力

　図（c）のような x 軸と角度 θ をなす法線を持つ傾斜した仮想切断面を考え，仮想切断面上の垂直応力を σ，せん断応力を τ，断面の面積を A とすると，x 方向と y 方向の力のつり合いは，それぞれ式(9.26a)，(9.26b) となる。

$$\sigma A \cos \theta - \tau A \sin \theta = P = \sigma_x A_x \tag{9.26a}$$

$$\sigma A \sin \theta + \tau A \cos \theta = 0 \tag{9.26b}$$

ここで $\cos \theta = A_x/A$ であることを用いると，式(9.27a)，(9.27b) となる。

$$\sigma - \tau \tan \theta = \sigma_x \tag{9.27a}$$

$$\sigma \tan \theta + \tau = 0 \tag{9.27b}$$

式(9.27a) と式(9.27b) を行列を用いて表すと，式(9.28) が得られる。

$$\begin{bmatrix} 1 & -\tan \theta \\ \tan \theta & 1 \end{bmatrix} \begin{bmatrix} \sigma \\ \tau \end{bmatrix} = \begin{bmatrix} \sigma_x \\ 0 \end{bmatrix} \tag{9.28}$$

式(9.28) を解くと，式(9.29) が得られる。

$$\begin{bmatrix} \sigma \\ \tau \end{bmatrix} = \begin{bmatrix} 1 & -\tan\theta \\ \tan\theta & 1 \end{bmatrix}^{-1} \begin{bmatrix} \sigma_x \\ 0 \end{bmatrix}$$

$$= \frac{1}{1+\tan^2\theta}\begin{bmatrix} 1 & \tan\theta \\ -\tan\theta & 1 \end{bmatrix}\begin{bmatrix} \sigma_x \\ 0 \end{bmatrix} = \begin{bmatrix} \sigma_x\cos^2\theta \\ -\sigma_x\sin\theta\cos\theta \end{bmatrix} \tag{9.29}$$

さらに2倍角公式を使うと,式(9.30a)と式(9.30b)が得られる。

$$\sigma = \left(\frac{1+\cos 2\theta}{2}\right)\sigma_x \tag{9.30a}$$

$$\tau = -\left(\frac{\sin 2\theta}{2}\right)\sigma_x \tag{9.30b}$$

式(9.30b)より,$\theta = 0$ であれば,傾斜断面は図(a)と一致し,せん断応力は発生しない。一方,$\theta = \pi/4$(45°)のとき,τ は極値をとる。延性が高い材料はせん断応力で破断する傾向があり,破断面が軸力と45°をなす方向に生じるのはこのためである。

式(9.30a)と式(9.30b)から,$\cos 2\theta$ と $\sin 2\theta$ を消去すると,式(9.31a)を得る。

$$1 = \cos^2 2\theta + \sin^2 2\theta = \left(\frac{2\sigma}{\sigma_x}-1\right)^2 + \left(-\frac{2\tau}{\sigma_x}\right)^2$$

$$= \frac{(2\sigma-\sigma_x)^2}{\sigma_x^2} + \frac{4\tau^2}{\sigma_x^2} \tag{9.31a}$$

整理すると,式(9.31b)を得る。

$$\left(\sigma - \frac{\sigma_x}{2}\right)^2 + \tau^2 = \left(\frac{\sigma_x}{2}\right)^2 \tag{9.31b}$$

式(9.31b)は $\sigma\tau$ 平面上の円の方程式(**図 9.5**)であり,2θ は σ 軸となす角度であることがわかる。図の円のことを**モールの応力円**(Mohr's stress circle)と呼ぶ。モールの応力円の上でせん断応力がゼロになる角度が二つ($\theta = 0$,$\pi/2$)あるが,そのときの垂直応力を**主応力**(principal stress),主応力に垂直な仮想切断面のことを**主応力面**(principal plane)と呼ぶ。また,せん断応力の極値 $\tau_{\max}$ と $-\tau_{\max}$ を**主せん断応力**(principal shearing stress),せん断応力の極値を

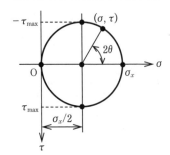

図 9.5 軸力を受ける棒に対する
モールの応力円

生じる仮想切断面を**主せん断応力面**（principal shearing plane）と呼ぶ。部品の
強度を評価する際には，主応力や主せん断応力に着目する必要がある。

9.3.2 平面応力に対するモールの応力円

　微小平板が平面応力状態に置かれるとき，変形は xy 平面内にとどまり，三
つの応力成分 σ_x, σ_y, τ_{xy} が生じうる。ここで着目点に原点を置き，x 軸と角
度 θ をなす方向に向けたベクトル $\boldsymbol{n}$ を外向き法線ベクトルとする傾斜断面 BD
を対角線とする，微小な長方形平板 ABCD を**図 9.6**(a)のように定義する。平
板の板厚は t とする。

　長方形 ABCD の幅 AB を dx，高さ AD を dy，傾斜断面の長さ BD を ds とす
ると，傾斜断面を仮想切断面としてできる三角形平板 ABD における力のつり

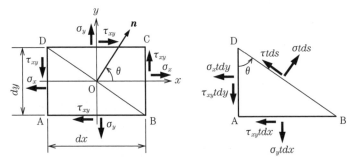

（a）　微小平板にはたらく応力成分　（b）　傾斜断面を含む三角形平板に
　　　と傾斜断面の定義　　　　　　　　　　おける力のつり合い

図 9.6　平面応力状態に置かれる微小平板と傾斜断面

合いは，傾斜断面上の垂直応力を σ，せん断応力を τ とし，x 方向，y 方向の
それぞれに対して式(9.32a)，(9.32b) のようになる。

$$\sigma tds \cos \theta - \tau tds \sin \theta - \sigma_x tdy - \tau_{xy} tdx = 0 \tag{9.32a}$$

$$\sigma tds \sin \theta + \tau tds \cos \theta - \sigma_y tdx - \tau_{xy} tdy = 0 \tag{9.32b}$$

ところで，dx，dy，ds の関係は式(9.33) である。

$$\cos \theta = \frac{dy}{ds}, \qquad \sin \theta = \frac{dx}{ds} \tag{9.33}$$

式(9.33) を用いて式(9.32a) と式(9.32b) を書き直すと，式(9.34a) と式(9.34b) を
得る。

$$\sigma \cos \theta - \tau \sin \theta - \sigma_x \cos \theta - \tau_{xy} \sin \theta = 0 \tag{9.34a}$$

$$\sigma \sin \theta + \tau \cos \theta - \sigma_y \sin \theta - \tau_{xy} \cos \theta = 0 \tag{9.34b}$$

これらを整理し，行列を用いて書き直すと，式(9.35) となる。

$$\begin{bmatrix} \cos \theta & -\sin \theta \\ \sin \theta & \cos \theta \end{bmatrix} \begin{bmatrix} \sigma \\ \tau \end{bmatrix} = \begin{bmatrix} \sigma_x \cos \theta + \tau_{xy} \sin \theta \\ \sigma_y \sin \theta + \tau_{xy} \cos \theta \end{bmatrix} \tag{9.35}$$

式(9.35) の左辺の係数行列は，反時計回りに角度 θ の回転を意味するので，
その逆行列は $-\theta$ の回転になる。式(9.35) の連立方程式を解くと，式(9.36a) を
得る。

$$\begin{bmatrix} \sigma \\ \tau \end{bmatrix} = \begin{bmatrix} \cos \theta & -\sin \theta \\ \sin \theta & \cos \theta \end{bmatrix}^{-1} \begin{bmatrix} \sigma_x \cos \theta + \tau_{xy} \sin \theta \\ \sigma_y \sin \theta + \tau_{xy} \cos \theta \end{bmatrix}$$

$$= \begin{bmatrix} \cos \theta & \sin \theta \\ -\sin \theta & \cos \theta \end{bmatrix} \begin{bmatrix} \sigma_x \cos \theta + \tau_{xy} \sin \theta \\ \sigma_y \sin \theta + \tau_{xy} \cos \theta \end{bmatrix}$$

$$= \begin{bmatrix} \sigma_x \cos^2 \theta + \tau_{xy} \sin \theta \cos \theta + \sigma_y \sin^2 \theta + \tau_{xy} \sin \theta \cos \theta \\ -\sigma_x \sin \theta \cos \theta - \tau_{xy} \sin^2 \theta + \sigma_y \sin \theta \cos \theta + \tau_{xy} \cos^2 \theta \end{bmatrix}$$

$$\tag{9.36a}$$

2 倍角定理を用いて式(9.36a) をさらに整理すると，式(9.36b) が得られる。

$$\begin{bmatrix} \sigma \\ \tau \end{bmatrix} = \begin{bmatrix} \sigma_x \left(\dfrac{1+\cos 2\theta}{2} \right) + \sigma_y \left(\dfrac{1-\cos 2\theta}{2} \right) + \tau_{xy} \sin 2\theta \\ -\sigma_x \left(\dfrac{\sin 2\theta}{2} \right) + \sigma_y \left(\dfrac{\sin 2\theta}{2} \right) + \tau_{xy} \cos 2\theta \end{bmatrix}$$

$$= \begin{bmatrix} \dfrac{\sigma_x + \sigma_y}{2} + \dfrac{\sigma_x - \sigma_y}{2} \cos 2\theta + \tau_{xy} \sin 2\theta \\ -\dfrac{\sigma_x - \sigma_y}{2} \sin 2\theta + \tau_{xy} \cos 2\theta \end{bmatrix} \tag{9.36b}$$

ここで，傾斜断面が主応力面である条件は $\tau = 0$ であるため，主応力面の法線ベクトルが x 軸となす角を θ_n として，式(9.36b) より式(9.37) が成立する。

$$\tan 2\theta_n = \frac{2\tau_{xy}}{\sigma_x - \sigma_y} \tag{9.37}$$

式(9.37) を満足する θ_n の解を $0 \leqq \theta_n \leqq \pi/2$ の範囲で一つ求めると，$\theta_n + \pi/2$ も解となる。このような主応力面の法線ベクトルの方向を**主軸**（principal axis）と呼ぶ。主軸は一般の三次元体では三つあり，たがいに直交する。本問題では，ここで求めた二つの θ_n が決める二つの主軸のほかに，z 軸が主軸である。

主せん断応力面に対する法線ベクトルが x 軸となす角 θ_s は，τ が極値をとる条件から，式(9.36b) の τ の微分係数がゼロとなり，式(9.38) を得る。

$$\frac{d\tau}{d\theta} = \frac{d}{d\theta} \left(-\frac{\sigma_x - \sigma_y}{2} \sin 2\theta_s + \tau_{xy} \cos 2\theta_s \right)$$

$$= -(\sigma_x - \sigma_y)\cos 2\theta_s - 2\tau_{xy} \sin 2\theta_s = 0 \tag{9.38}$$

すなわち，θ_s は式(9.39) を満足する。

$$\tan 2\theta_s = -\frac{\sigma_x - \sigma_y}{2\tau_{xy}} \tag{9.39}$$

ここで $\tan 2\theta_n \tan 2\theta_s = -1$ なので，主せん断応力面は主応力面に対して $\pi/4$ 傾いていること，主せん断応力面を定義する三つの法線ベクトルもたがいに直交することがわかる。

さらに，式(9.36b) を式(9.40a)，(9.40b) のように書き換える。

$$\sigma - \frac{\sigma_x + \sigma_y}{2} = \frac{\sigma_x - \sigma_y}{2} \cos 2\theta + \tau_{xy} \sin 2\theta \tag{9.40a}$$

$$\tau = -\frac{\sigma_x - \sigma_y}{2} \sin 2\theta + \tau_{xy} \cos 2\theta \tag{9.40b}$$

─── コラム **6** ───

延性材料の引張破断

　棒の引張におけるせん断応力の極値は，棒の長手方向に対して 45° 傾いた面に発生することがわかっている。平板試験片を用いて延性材料の引張試験を行うと，試験片の側面（板厚がわかる方向から見た面）では 45° 傾いた破断面が確認できる。

　図は延性が高いステンレス鋼 SUS 304 について平板試験片を用いて室温で引張試験を行った前後の状況を示している。図（a）の試験前の状態に比べて，図（b）の試験後の正面からの観察ではくびれが確認できる。また，図（c）の側面写真および図（d）のその拡大写真で，45° に傾斜した破断面が認められる。

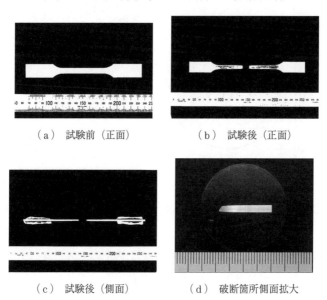

（a）　試験前（正面）　　　　　（b）　試験後（正面）

（c）　試験後（側面）　　　　　（d）　破断箇所側面拡大

図　平板引張試験の破断状況

式(9.40a) と式(9.40b) のそれぞれの両辺を 2 乗して加算すると，式(9.41a) が得られる。

$$\left(\sigma - \frac{\sigma_x + \sigma_y}{2}\right)^2 + \tau^2 = \left(\frac{\sigma_x - \sigma_y}{2}\cos 2\theta + \tau_{xy}\sin 2\theta\right)^2$$

$$+ \left(-\frac{\sigma_x - \sigma_y}{2}\sin 2\theta + \tau_{xy}\cos 2\theta\right)^2 \tag{9.41a}$$

さらに整理を進めると，式(9.41b) となる。

$$\left(\sigma - \frac{\sigma_x + \sigma_y}{2}\right)^2 + \tau^2 = \left(\frac{\sigma_x - \sigma_y}{2}\right)^2 + {\tau_{xy}}^2 \tag{9.41b}$$

式(9.41b) は $\sigma\tau$ 平面上における円の方程式になり，これを図示すると**図 9.7**のようになる。円の中心 C の座標と半径 R は式(9.42) で与えられる。

$$\left(\frac{\sigma_x + \sigma_y}{2}, 0\right), \qquad R = \sqrt{\left(\frac{\sigma_x - \sigma_y}{2}\right)^2 + {\tau_{xy}}^2} \tag{9.42}$$

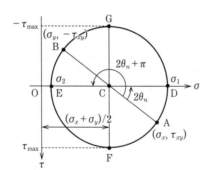

図 9.7 平面応力に対するモールの応力円

　ここで描かれる円は，平面応力に対するモールの応力円である。$\theta = 0$ のとき，図 9.6(b)の斜面 BD は図 9.6(a)の BC 面の方向を向き，$\sigma = \sigma_x$，$\tau = \tau_{xy}$ になり，このときの状態は図 9.7 のモールの応力円上の点 A に対応する。$\theta = \pi/2$ のとき，図 9.6(b)の斜面 BD は図(a)の CD 面の方向を向き，$\sigma = \sigma_y$，$\tau = -\tau_{xy}$ になり，このときの状態は図 9.7 のモールの応力円の点 B にあたる。

　図 9.7 の対角線 AB を $2\theta_n$ だけ傾けた点 D では，せん断応力がゼロの主応力

面になり，主応力 σ_1 が定まる。さらに π だけ傾けると，もう一つの主応力面になり，点 E の主応力 σ_2 が定まる。主せん断応力 τ_{max} と $-\tau_{max}$ は円の下端 F と上端 G で定まる。

式(9.41b) で $\tau = 0$ と置いて得られる二次方程式を解けば，主応力は式(9.43)で求められる。一方，電卓がなくとも定規とコンパスがあれば，図9.7を作図し，円の四つの端点の座標を読み取ることで主応力，主せん断応力を求めることもできる。

$$\sigma_1, \sigma_2 = \frac{\sigma_x + \sigma_y}{2} \pm \sqrt{\left(\frac{\sigma_x - \sigma_y}{2}\right)^2 + \tau_{xy}{}^2} \tag{9.43}$$

演 習 問 題

[9.1] 平面応力平板が以下の（1）〜（3）の状態に置かれるときについて，モールの応力円を描き，二つの主応力と主せん断応力を求めなさい。ただし，$\sigma_0 > 0$，$\tau_0 > 0$ とする。

（1） $\sigma_x = \sigma_0$，　$\sigma_y = 0$，　$\tau_{xy} = 0$（単軸応力状態）

（2） $\sigma_x = 0$，　$\sigma_y = 0$，　$\tau_{xy} = \tau_0$（純粋せん断状態）

（3） $\sigma_x = \sigma_0$，　$\sigma_y = \sigma_0$，　$\tau_{xy} = 0$（等二軸状態）

[9.2] xy 平面上に薄い平板があり，平面応力状態に置かれている。平板材料のヤング率は 200 GPa，ポアソン比は 0.300 である。この平板について，以下の（1）と（2）に答えなさい。

（1） x 方向の垂直応力 $\sigma_x = 200$ MPa，y 方向の垂直応力 $\sigma_y = -50.0$ MPa，せん断応力 $\tau_{xy} = 60.0$ MPa であったとする。この平板に生じるひずみ6成分 ε_x，ε_y，ε_z，γ_{xy}，γ_{yz}，γ_{zx} をすべて求めなさい。

（2） x 方向の垂直ひずみ $\varepsilon_x = 0.100$ %，y 方向の垂直ひずみ $\varepsilon_y = -0.150$ %，せん断ひずみ $\gamma_{xy} = 0.0600$ % であったとする。この平板に生じる応力6成分 σ_x，σ_y，σ_z，τ_{xy}，τ_{yz}，τ_{zx}，をすべて求めなさい。

[9.3] xy 平面上に薄い平板があり，平面応力状態に置かれている。2方向の垂直応力をそれぞれ $\sigma_x = 130$ MPa，$\sigma_y = 40.0$ MPa，せん断応力を $\tau_{xy} = 60.0$ MPa とするときについてモールの応力円を描き，二つの主応力と主せん断応力を求めなさい。

10

ひずみエネルギー

弾性体に力を加えて変形したとき，その力と移動距離（変位）に応じた仕事がなされている。弾性体に加える力を除くと元の形状に戻ることから，その仕事は弾性体の変形のエネルギーとして蓄えられていたことになる。力学的エネルギー保存則は，つり合い関係と並んで力学問題を読み解くうえで有用であり，本章では，弾性体に蓄えられるひずみエネルギーについて学ぶ。

10.1 棒の引張・圧縮

10.1.1 一様断面棒の引張・圧縮

図 10.1 に示すように，断面積が A で一様，長さが l の棒に軸力 P を加えて引っ張ったときの伸びが λ であったとする。力の方向と伸びの方向が一致しているため，この荷重は棒に仕事 W を与えたことになる。ただし，荷重と伸びは比例的に同時に変化するため，変化する荷重を F，F が加わるときの伸びを x として，**図 10.2** のような直線関係が描ける。

図 10.2 で，F がほぼ一定と見なしうる短い時間に棒にもたらした伸び dx と F の積を仕事の増分 dW とすると，荷重が P に，伸びが λ に到達するまでに与えた全仕事 W は dW を積分したものになる。このため W は，F と x の関係を

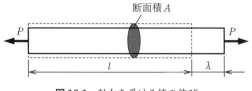

図 10.1 軸力を受ける棒の伸び

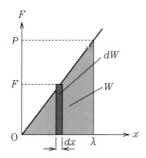

図 10.2　棒の伸びと軸力の関係

表す図の薄い灰色部分の面積に等しく，式(10.1) となる。

$$W = \int dW = \int_0^\lambda F dx = \frac{1}{2} P\lambda \tag{10.1}$$

　変形が弾性範囲であれば，荷重を除くと完全に元の形状に戻るため，荷重がなした仕事はすべて弾性体の変形に費やされ，**ひずみエネルギー**（strain energy）として蓄えられる。荷重を（弾性体が運動エネルギーを持たないように）ゆっくり減らしていくと，荷重とは反対方向に変位するため，弾性体が仕事をしたことになり，ひずみエネルギーは減少する。この現象は可逆的であるため，ひずみエネルギーを U とすると，式(10.2) が成立する。

$$U = W \tag{10.2}$$

　ヤング率を E とすると，式(10.1) と棒の伸び λ が式(2.11) で与えられることを用いて，式(10.3) のようにも書ける。

$$U = \frac{P^2 l}{2EA} \tag{10.3}$$

　棒の場合，棒の内部のどの位置においても軸方向の応力 σ とひずみ ε は一様で，式(10.4) となる。

$$\sigma = \frac{P}{A}, \qquad \varepsilon = \frac{P}{EA} \tag{10.4}$$

式(10.4) より，式(10.3) は体積を $V = Al$ として，式(10.5) のようにも書ける。

$$U = \frac{\sigma\varepsilon}{2} Al = \frac{\sigma\varepsilon}{2} V = \int_V \frac{\sigma\varepsilon}{2} dV \tag{10.5}$$

式(10.5) から，単位体積当りのひずみエネルギーを**ひずみエネルギー密度**
(strain energy density) と呼び，これを U_e とすると，式(10.6) が得られる。

$$U_e = \frac{U}{V} = \frac{\sigma\varepsilon}{2} = \frac{\sigma^2}{2E} = \frac{E\varepsilon^2}{2} \tag{10.6}$$

図 10.1 のような棒の場合，ひずみエネルギー密度は場所によらず一様である。

ポアソン比の効果により，軸力と直交する方向にも横ひずみを生じるが，横
ひずみの方向には応力が生じないため，ひずみエネルギーには加算されない。

10.1.2　断面積が変化する棒の引張・圧縮

図 10.3 のように，断面積 A が変化する全長が l の棒が軸力 P を受ける場合
のひずみエネルギーを考える。軸力の方向に x 軸をとり，厚さが dx の微小平
板を仮想的に切り出せば，平板中で応力とひずみはほぼ一定と見なしうるた

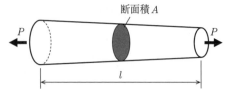

（a）　断面積が変化する棒

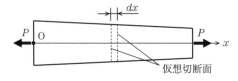

（b）　自由物体図と x 軸の定義

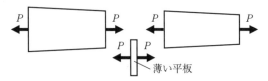

（c）　仮想的に三つに切断した各領域の自由物体図

図 10.3　軸力を受ける断面積が変化する棒

め，ヤング率を E として，ひずみエネルギー密度 U_e は式(10.7) となる。

$$U_e = \frac{\sigma\varepsilon}{2} = \frac{1}{2}\frac{P}{A}\frac{P}{EA} = \frac{P^2}{2EA^2} \tag{10.7}$$

ひずみエネルギー U は式(10.8) となり，x の関数 A^{-1} を積分して求められる。

$$U = \int_V U_e dV = \int_V \frac{P^2}{2EA^2} dV = \int_0^l \frac{P^2}{2EA^2} A dx$$

$$= \int_0^l \frac{P^2}{2EA} dx = \frac{P^2}{2E} \int_0^l A^{-1} dx \tag{10.8}$$

10.2 一様せん断を受ける平行六面体

図 10.4 のような，水平な面の断面積が A，高さが l の平行六面体がせん断力 F を受けて，F の方向に λ_s だけ変位したときのひずみエネルギーを考える。F が物体になした仕事 W と，変形した状態で蓄えられるひずみエネルギー U は，F と λ_s が比例する性質を利用すると，図 10.2 と同様に考えられ，式(10.9) となる。

$$U = W = \int dW = \frac{F\lambda_s}{2} \tag{10.9}$$

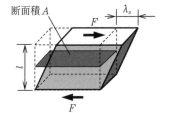

断面積 A

図 10.4　せん断を受ける
平行六面体

せん断応力 τ とせん断ひずみ γ は物体中で一様に発生するため，平行六面体の体積を $V = Al$，せん断弾性係数を G として，式(10.10) が得られる。

$$U = \frac{F\lambda_s}{2} = \frac{1}{2}A\tau\gamma l = \frac{\tau\gamma}{2}Al = \frac{\tau\gamma}{2}V \tag{10.10}$$

τ と γ が物体内で一様であれば，ひずみエネルギー密度 U_e も一様となり，式(10.11) を得る。

$$U_e = \frac{U}{V} = \frac{\tau\gamma}{2} = \frac{\tau^2}{2G} = \frac{G\gamma^2}{2} \tag{10.11}$$

10.3 軸のねじり

図 **10.5** のような全長 l，直径 d の丸棒軸がトルク T を受けて，ねじれ角 ϕ を生じたときのひずみエネルギーを考える。この場合，軸の円形断面上には，中心からの距離 r に比例したせん断応力 τ が発生する。せん断に対するひずみエネルギー密度 U_e に関する式(10.11) を（τ が一様と見なしうる）微小部分 dV に適用すると，軸全体のひずみエネルギー U はせん断弾性係数を G，軸断面の断面二次極モーメントを I_p として，式(10.12) となる。

$$U = \int_V U_e dV = \int_V \frac{\tau^2}{2G} dV = \int_A \frac{\tau^2}{2G} l dA = \frac{l}{2G} \int_A \left(\frac{Tr}{I_p}\right)^2 dA$$

$$= \frac{T^2 l}{2GI_p^2} \int_A r^2 dA = \frac{T^2 l}{2GI_p} = \frac{T\phi}{2} \tag{10.12}$$

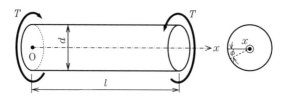

図 10.5 ねじりを受ける丸棒軸

軸の直径やトルクが x に応じて変化する場合は，式(10.12) を板厚 dx の微小円盤に適用して，式(10.13) とすればよい。

$$U = \int_0^l \frac{T^2}{2GI_p} dx \tag{10.13}$$

10.4 は り の 曲 げ

図 10.6 のように，全長が l の片持ばりが自由端で曲げモーメント M_0 を受けるときのひずみエネルギーを考える。はりの長手方向に x 軸をとると，このはりでは，x 軸に直交する仮想切断面上の曲げモーメントが x によらずに一定の M_0 となる。曲げ剛性を EI とすると，たわみ角 θ が従う微分方程式は，式(8.4) より式(10.14) となる。

$$\frac{d\theta}{dx} = -\frac{M_0}{EI} \tag{10.14}$$

式(10.14) を x について積分すると，式(10.15a) となる。

$$\theta = -\frac{M_0}{EI}x + C_1 \tag{10.15a}$$

右端のたわみ角がゼロであることを用いると，積分定数は $C_1 = M_0 l/EI$ と定まり，あらためて式(10.15b) を得る。

$$\theta = -\frac{M_0}{EI}(x-l) \tag{10.15b}$$

モーメントが作用する自由端のたわみ角 θ_0 は，式(10.16) となる。

$$\theta_0 = \frac{M_0 l}{EI} \tag{10.16}$$

また，微小部分 dV のひずみエネルギー密度 U_e は，式(10.17) で与えられる。

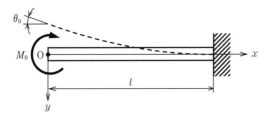

図 10.6　自由端でモーメントを受ける片持ばり

コラム 7

有限要素法（1）

　材料力学では，棒やはりなどの単純形状を扱い，手計算で応力や変形を計算する。この方法では複雑な形状の問題を解くのは困難であるが，単純形状を積み重ねて現実的な形状を扱うことができる。この場合は解法をコンピュータに覚えさせ（プログラミングし），単純な計算を大量に行うことで問題を解くことになる。このような手法の一つに**有限要素法**（finite element method：FEM）があり，機械設計などに使用されている。

　本書では有限要素法の詳細には触れないが，その原理を概念的に紹介しておく。最も簡単な例として，xy 平面上で任意の方向に置かれた**図**のような棒を考える。棒の両端は節点 i と節点 j で定義され，それぞれの節点で荷重成分と変位成分が定義されている。二つの節点にモーメントははたらかないとする。棒の長さを l，断面積を A，棒の材料のヤング率を E とする。荷重の四つの成分で荷重ベクトルを，変位の四つの成分で変位ベクトルを定義し，x 軸と棒のなす角を α とすると，変位ベクトルと荷重ベクトルの関係は一般に式(1)で表される。

$$
\begin{bmatrix} X_i \\ Y_i \\ X_j \\ Y_j \end{bmatrix} = \frac{AE}{l} \begin{bmatrix} \cos^2\alpha & \sin\alpha\cos\alpha & -\cos^2\alpha & -\sin\alpha\cos\alpha \\ \sin\alpha\cos\alpha & \sin^2\alpha & \sin\alpha\cos\alpha & -\sin^2\alpha \\ -\cos^2\alpha & -\sin\alpha\cos\alpha & \cos^2\alpha & \sin\alpha\cos\alpha \\ -\sin\alpha\cos\alpha & -\sin^2\alpha & \sin\alpha\cos\alpha & \sin^2\alpha \end{bmatrix} \begin{bmatrix} u_i \\ v_i \\ u_j \\ v_j \end{bmatrix}
$$

$$(1)$$

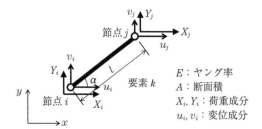

図　棒要素における節点荷重と節点変位の定義

　このような棒が多数組み合わされてできるトラス構造であれば，この関係式を積み重ねてできる連立方程式を解けばよいことになる。式(1) の右辺の係数行列のことを**要素剛性マトリクス**（element stiffness matrix）と呼ぶ。また，トラスを構成する棒のことを**棒要素**（bar element）と呼ぶ。

$$U_e = \frac{\sigma_x{}^2}{2E} \tag{10.17}$$

x 軸に直交する仮想切断面上の応力は σ_x のみ考えればよく，中立面からの y 方向の距離に比例するため，ひずみエネルギー U は，式(10.18) になる。

$$U = \int_V U_e dV = \int_V \left(\frac{\sigma_x{}^2}{2E}\right) dV = \frac{1}{2E} \int_V \left(\frac{M_0}{I} y\right)^2 dV$$

$$= \frac{M_0{}^2 l}{2EI^2} \int_A y^2 dA = \frac{M_0{}^2 l}{2EI} = \frac{M_0 \theta_0}{2} \tag{10.18}$$

曲げモーメント M や I が x によって変わりうる場合は，微小長さ dx のはりに式(10.18) を適用したうえで積分することで，式(10.19) のように求まる。

$$U = \int_0^l \frac{M^2}{2EI} dx \tag{10.19}$$

演 習 問 題

【10.1】 図 **10.7** のようなトルク T_0 を受ける全長 l，直径 d の丸棒軸に対して，トルクを偶力 F で置き換え，ねじれ角 ϕ_0 に相当する接線方向変位を考えることで，トルクが軸に対してなす仕事を求めなさい。

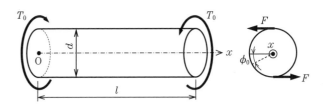

図 10.7　ねじりを受ける丸棒軸

【10.2】 図 **10.8** のように，自由端でモーメント M_0 を受ける全長 l の片持ばりについて，曲げモーメントを自由端にはたらく偶力 F で置き換えたときの x 方向変位と，F の積からモーメントがはりになした仕事を求めなさい。はりの曲げ剛性は EI，高さは h とし，中立面ははりの高さ方向の中央にあるものとする。はりの断面は中立面の上下で対称とし，自由端のたわみ角を θ_0 とする。

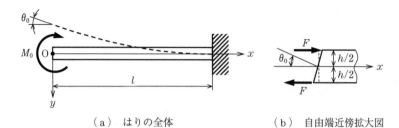

（a）　はりの全体　　　　　　　　　（b）　自由端近傍拡大図

図 10.8　自由端にモーメントを受ける片持ばり

11

エネルギー原理

　弾性体に同じ力を加えると，いつも同じように変形する。複数の荷重を順序を変えて与えても最終的な変形は同じになる。これは弾性体にとって安定した変形状態が唯一に決まっていることを意味する。ここには，ひずみエネルギーと荷重がなした仕事が関係している。本章では，ひずみエネルギーを利用して弾性問題を解くうえで有用なエネルギー原理のうち，相反定理とカスティリアノの定理について述べる。

11.1 相 反 定 理

　図**11.1**のように，変形はするが運動はしないように拘束された弾性体の点1と点2にそれぞれ集中荷重P_1，P_2を加えた状態を考える。

　まず，P_1を加えてP_1と同一方向に変位λ_{11}を生じたとすると，蓄えられるひずみエネルギーU_1は式(11.1)のように求まる。

$$U_1 = \frac{P_1 \lambda_{11}}{2} \tag{11.1}$$

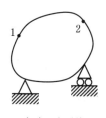
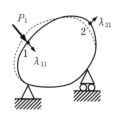
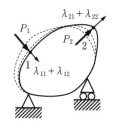

（a）　変形前　　　（b）　P_1のみによる変形　　　（c）　P_1とP_2による変形

図11.1　二つの荷重を受けて変形する弾性体

点 2 にも P_2 の方向の変位 λ_{21} が生じるが，この過程では P_2 はゼロであるため，ひずみエネルギーには加わらない。

つぎに，P_2 を加えたとき，P_2 の方向に変位 λ_{22} が生じると同時に，P_1 は大きさを変えずに点 1 の変位が λ_{12} だけ増えたとすると，最終的なひずみエネルギー U は，P_2 と P_1 がなす仕事を加えて式(11.2) となる。この過程での荷重と変位の変化は**図 11.2** のようになる。

$$U = U_1 + \frac{P_2\lambda_{22}}{2} + P_1\lambda_{12} = \frac{P_1\lambda_{11}}{2} + \frac{P_2\lambda_{22}}{2} + P_1\lambda_{12} \tag{11.2}$$

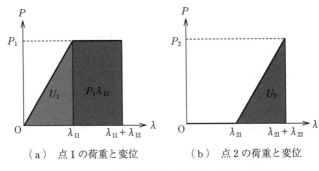

（a） 点 1 の荷重と変位　　（b） 点 2 の荷重と変位

図 11.2　二つの荷重を受ける弾性体の荷重—変位履歴

荷重を加える順序を逆にして同様に考えると，P_2 のみを加えたときのひずみエネルギー U_2 は式(11.3) となる。

$$U_2 = \frac{P_2\lambda_{22}}{2} \tag{11.3}$$

つづいて，P_1 を加えたとき，点 2 の変位が λ_{21} だけ増えたとすると，最終状態でのひずみエネルギーは式(11.4) となる。

$$U = U_2 + \frac{P_1\lambda_{11}}{2} + P_2\lambda_{21} = \frac{P_1\lambda_{11}}{2} + \frac{P_2\lambda_{22}}{2} + P_2\lambda_{21} \tag{11.4}$$

線形弾性体に蓄えられるひずみエネルギーは荷重の順序によらないため，式(11.2) の U と式(11.4) の U は同じになり，式(11.5) が成立する。

$$P_1\lambda_{12} = P_2\lambda_{21} \tag{11.5}$$

式(11.5) の関係を**相反定理**（reciprocal theorem）と呼ぶ。

より一般に，**図 11.3** のような n 個の荷重，$P_1, P_2, \cdots, P_n$ を受ける弾性体を考える。i 番目の荷重を P_i とし，i 番目の点 i における P_i の方向の変位を λ_i とすると，λ_i は n 個の荷重の一つ一つがもたらす変位の線形和となる。点 i に生じる P_i の方向の変位のうち，P_j によってもたらされる成分を λ_{ij} とすると，式(11.6a)〜(11.6d) が得られる。

$$\lambda_1 = \lambda_{11} + \lambda_{12} + \lambda_{13} + \cdots + \lambda_{1n} \tag{11.6a}$$

$$\lambda_2 = \lambda_{21} + \lambda_{22} + \lambda_{23} + \cdots + \lambda_{2n} \tag{11.6b}$$

$$\vdots$$

$$\lambda_i = \lambda_{i1} + \lambda_{i2} + \lambda_{i3} + \cdots + \lambda_{in} \tag{11.6c}$$

$$\vdots$$

$$\lambda_n = \lambda_{n1} + \lambda_{n2} + \lambda_{n3} + \cdots + \lambda_{nn} \tag{11.6d}$$

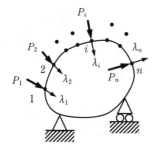

図 11.3 n 個の荷重を受けて
変形する弾性体

また，λ_{ij} は P_j に比例するため，式(11.6a)〜(11.6d) は式(11.7a)〜(11.7d) のように書ける。

$$\lambda_1 = c_{11}P_1 + c_{12}P_2 + c_{13}P_3 + \cdots + c_{1n}P_n \tag{11.7a}$$

$$\lambda_2 = c_{21}P_1 + c_{22}P_2 + c_{23}P_3 + \cdots + c_{2n}P_n \tag{11.7b}$$

$$\vdots$$

$$\lambda_i = c_{i1}P_1 + c_{i2}P_2 + c_{i3}P_3 + \cdots + c_{in}P_3 \tag{11.7c}$$

$$\vdots$$

$$\lambda_n = c_{n1}P_1 + c_{n2}P_2 + c_{n3}P_3 + \cdots + c_{nn}P_n \tag{11.7d}$$

ここで用いている係数 c_{ij} のことを**影響係数**（influence coefficient）と呼ぶ。

n 個の荷重に対して荷重を加える順序を変えた検討を行うことで，式(11.5)と同様な結果が得られ，影響係数の間に式(11.8)の関係があることがわかる。

$$c_{ij} = c_{ji} \tag{11.8}$$

11.2 カスティリアノの定理

図 11.4 のように，変形はするが運動はしないように拘束された弾性体に n 個の集中荷重がはたらく場合を考える。n 個の荷重を受けた状態で弾性体に蓄えられるひずみエネルギーを U とする。図（a）の荷重，変位の定義は図 11.3 と同じとする。

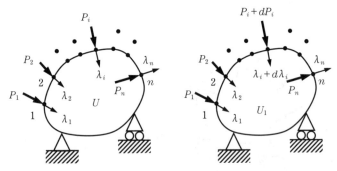

（a） n 個の荷重を加えた状態　　（b） i 番目の荷重を増やした状態

図 11.4 n 個の荷重を受けて変形する弾性体と変位の増分

いま，図（b）のように i 番目の荷重 P_i を微小量 dP_i だけ増やし，P_i の方向に変位が $d\lambda_i$ だけ増えたとすると，そのときのひずみエネルギー U_1 は式(11.9)となる。

$$U_1 = U + \frac{\partial U}{\partial P_i} dP_i \tag{11.9}$$

つぎに荷重を加える順序を変えて，最初に dP_i だけ加えたときのひずみエネルギー U_2 は，式(11.10)となる。

$$U_2 = \frac{dP_i d\lambda_i}{2} \tag{11.10}$$

さらに，残りの荷重を加えて図（b）と同じ状態を作ると，dP_i がする仕事は $dP_i \lambda_i$ になるため，最終的なひずみエネルギー U_3 は式(11.11) となる。

$$U_3 = U + U_2 + dP_i \lambda_i = U + \left(\lambda_i + \frac{d\lambda_i}{2}\right) dP_i \tag{11.11}$$

弾性体に蓄えられるひずみエネルギーは，荷重を加える順序によらないため $U_3 = U_1$ であることと，式(11.11) 中の微小項どうしの積は無視できることを使うと，式(11.12) を得る。

$$\lambda_i = \frac{\partial U}{\partial P_i} \tag{11.12}$$

つまり，ひずみエネルギーを集中荷重で偏微分すると，集中荷重が作用する点の荷重の方向の変位が得られる。式(11.12) の関係を**カスティリアノの定理**（Castigliano's theorem）と呼ぶ。

同様な関係は，ねじりを受ける軸におけるねじれ角とトルクの間（図 10.5 の ϕ と T）や，曲げを受けるはりのたわみ角とモーメントの間（図 10.6 の θ_0 と M_0）にも成立する。ただし，荷重がなす仕事が定義できるよう「点に作用する集中荷重」に対して成立し，分布荷重などにはそのままでは用いられない。

11.3 カスティリアノの定理の応用

11.3.1 棒 の 引 張

〔**1**〕 **一様断面棒の引張**　図 **11.5** のように，左端を壁に固定した状態で右端で軸力 P を受ける一様断面棒の伸び（右端の変位）λ を求める。棒の長さを l，断面積を A，棒の材料のヤング率を E とする。応力 σ は位置によらずに式(11.13) となる。

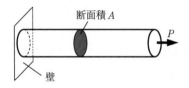

図 11.5 引張荷重を受ける棒

$$\sigma = \frac{P}{A} \tag{11.13}$$

棒の長手方向に x 軸をとると，ひずみエネルギー U は，式(11.14) となる。

$$U = \int_V \frac{\sigma^2}{2E} dV = \int_0^l \frac{\sigma^2 A}{2E} dx = \frac{P^2 l}{2EA} \tag{11.14}$$

カスティリアノの定理により，荷重が作用する点の変位 λ は式(11.15) のように得られる。

$$\lambda = \frac{\partial U}{\partial P} = \frac{\partial}{\partial P} \left(\frac{P^2 l}{2EA} \right) = \frac{Pl}{EA} \tag{11.15}$$

これは，ひずみを求めて l を乗じた式(2.11) と一致する。

〔**2**〕 **段付き丸棒の引張**   図 **11.6** のように，直径が d_1 で長さが l_1 の丸棒 1 と，直径が d_2 で長さが l_2 の丸棒 2 が連結され，左端を壁に固定した状態で右端に軸力 P を受ける段付き丸棒の右端の変位（伸び）λ を求める。棒の材料のヤング率を E とする。左端を原点として水平右向きに x 軸をとると，x 軸に直

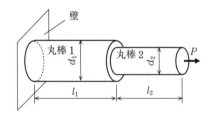

図 11.6 引張荷重を受ける段付き丸棒

交する仮想切断面にはたらく軸力は場所によらず P に等しいことから，丸棒 1 に生じる一様な応力 σ_1 と丸棒 2 に生じる一様な応力 σ_2 は，式(11.16) のように求まる。

$$\sigma_1 = \frac{4P}{\pi d_1{}^2}, \qquad \sigma_2 = \frac{4P}{\pi d_2{}^2} \tag{11.16}$$

丸棒 1，丸棒 2 に蓄えられるひずみエネルギーをそれぞれ U_1，U_2 とすると，式(11.17a) と式(11.17b) が得られる。

$$U_1 = \int_V \frac{\sigma_1{}^2}{2E} dV = \int_0^{l_1} \frac{\sigma_1{}^2}{2E} \frac{\pi d_1{}^2}{4} dx = \int_0^{l_1} \frac{2P^2}{\pi E d_1{}^2} dx = \frac{2P^2 l_1}{\pi E d_1{}^2} \tag{11.17a}$$

$$U_2 = \int_V \frac{\sigma_2{}^2}{2E} dV = \int_0^{l_2} \frac{\sigma_2{}^2}{2E} \frac{\pi d_2{}^2}{4} dx = \int_0^{l_2} \frac{2P^2}{\pi E d_2{}^2} dx = \frac{2P^2 l_2}{\pi E d_2{}^2} \tag{11.17b}$$

段付き丸棒全体に蓄えられるひずみエネルギー U は，これらの和として式(11.18) になる。

$$U = U_1 + U_1 = \frac{2P^2 l_1}{\pi E d_1{}^2} + \frac{2P^2 l_2}{\pi E d_2{}^2} = \frac{2P^2}{\pi E} \left(\frac{l_1}{d_1{}^2} + \frac{l_2}{d_2{}^2} \right) \tag{11.18}$$

P が作用する右端の変位 λ は，カスティリアノの定理により，式(11.19) のように求まる。

$$\lambda = \frac{\partial U}{\partial P} = \frac{\partial}{\partial P} \left\{ \frac{2P^2}{\pi E} \left(\frac{l_1}{d_1{}^2} + \frac{l_2}{d_2{}^2} \right) \right\} = \frac{4P}{\pi E} \left(\frac{l_1}{d_1{}^2} + \frac{l_2}{d_2{}^2} \right) \tag{11.19}$$

式(11.19) の解は，棒のひずみから伸びを求めた式(4.2) と一致している。

11.3.2 ト ラ ス

棒を連結して作られる構造物で，棒の両端がなめらかなピンでとめてある，端部の回転を拘束しないものを**トラス**（truss）と呼ぶ。すると棒の両端でモーメントを受けることができないため，棒の仮想切断面にはたらく内力は棒の長手方向の軸力のみとなり，仮想切断面に生じる応力は垂直応力のみとなる。トラスに蓄えられるひずみエネルギーは，トラスを構成する棒のひずみエネルギーを足し合わせたものになる。

例として，**図 11.7** に示す正三角形型トラスの変形を考える。xy 平面上に置かれたトラスは全長が l，断面積が A の棒 3 本からなり，棒を結合する点（**節点（node）**）に反時計回りに番号を付ける。節点 1 は回転支持，節点 2 は回転・移動支持とし，節点 3 に x 方向の荷重 P を与える。このときの節点 3 の x 方向変位 u を求める。棒の材料のヤング率は E とする。

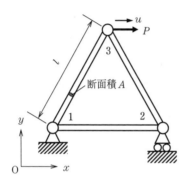

図 11.7　水平荷重を受ける
正三角形型トラス

棒 12 の内力を N_{12}，棒 23 の内力を N_{23}，棒 31 の内力を N_{31} とし，棒を仮想切断したうえでさらにピンをばらばらにしてできる部品の自由物体図を描くと，**図 11.8** のようになる。図では，節点 1 の x 方向反力を H_1，y 方向反力を R_1，節点 2 の y 方向反力を R_2 としている。棒の内力は引張を正とし，反力は座標軸方向を正として図示している。

まず，節点 3 におけるつり合いを考える。このためには**図 11.9**(a)のように，節点 3 に加わる三つの力のベクトルで閉じた三角形を描けばよい。題意から P は水平右向きであることがわかっているため，N_{23} は図 11.8 の逆向きである必要があり，棒 23 は圧縮を受けることがわかる。この段階で棒 23 と棒 31 の内力が式(11.20a)のように定まる。

$$N_{23} = -P, \qquad N_{31} = P \tag{11.20a}$$

つぎに，節点 2 におけるつり合いを図 11.9(b)のように考える。N_{23} はすで

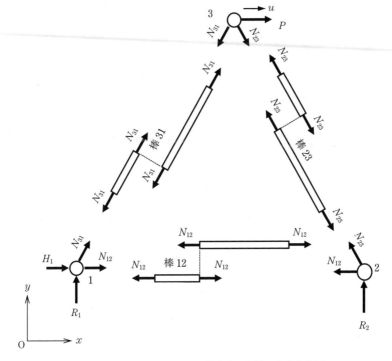

図 11.8　正三角形型トラスを構成する部品の自由物体図

（a）　節点 3　　　（b）　節点 2　　　（c）　節点 1

図 11.9　各節点でのつり合い

にわかっているため，閉じた三角形の辺の比から式(11.20b) が得られる。

$$N_{12} = \frac{P}{2}, \qquad R_2 = \frac{\sqrt{3}}{2}P \tag{11.20b}$$

さらに，節点 1 におけるつり合いを図（c）のように考える。四つの力で閉じた
四角形を描こうとすると，R_1 が負である必要があり，節点 2 を床に引きとめる

下向きの反力 $-R_1$ が加わっていることがわかる。辺の長さの比を考えると，式(11.20c) のようになる。

$$R_1 = -\frac{\sqrt{3}}{2}P, \qquad H_1 = -P \tag{11.20c}$$

　内力がすべてわかったところで，このトラスに蓄えられるひずみエネルギー U は，3 本の棒のひずみエネルギーの和になり，式(11.21) が得られる。

$$U = \frac{\left(\dfrac{P}{2}\right)^2 l}{2EA} + \frac{(-P)^2 l}{2EA} + \frac{P^2 l}{2EA} = \frac{9P^2 l}{8EA} \tag{11.21}$$

カスティリアノの定理から，P 方向の変位 u は式(11.22) のように求まる。

$$u = \frac{\partial U}{\partial P} = \frac{\partial}{\partial P}\left(\frac{9P^2 l}{8EA}\right) = \frac{9Pl}{4EA} \tag{11.22}$$

11.3.3 軸 の ね じ り

　図 **11.10** のように，全長が l の丸棒軸 AB が左端 A で壁に固定され，途中の位置 C でトルク T_C，右端 B でトルク T_B を受けるとき，位置 C におけるねじれ角 ϕ_C と右端 B におけるねじれ角 ϕ_B を求める。5.2.2 項で検討したようにこの軸に生じる内力（トルク）は，AC 間では $T_B + T_C$，CB 間では T_B であるため，軸に蓄えられるひずみエネルギー U は，ねじり剛性を GI_p として，式(10.13) より式(11.23) となる。ここでは，左端に原点をとり，水平右向きに x 軸をとり，AC 間の長さを l_1 としている。

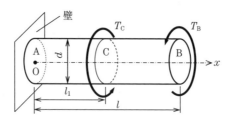

図 11.10　複数のトルクを受ける丸棒軸

$$U = \int_0^{l_1} \frac{(T_B + T_C)^2}{2GI_p} dx + \int_{l_1}^{l} \frac{T_B{}^2}{2GI_p} dx \tag{11.23}$$

ここでカスティリアノの定理を用いると，ϕ_C と ϕ_B は式(11.24a)，(11.24b) となる。

$$\phi_C = \frac{\partial U}{\partial T_C} = \int_0^{l_1} \frac{(T_B + T_C)}{GI_p} dx = \frac{(T_B + T_C)l_1}{GI_p} \tag{11.24a}$$

$$\phi_B = \frac{\partial U}{\partial T_B} = \int_0^{l_1} \frac{(T_B + T_C)}{GI_p} dx + \int_{l_1}^{l} \frac{T_B}{GI_p} dx$$

$$= \frac{(T_B + T_C)l_1}{GI_p} + \frac{T_B(l - l_1)}{GI_p} = \frac{T_B l}{GI_p} + \frac{T_C l_1}{GI_p} \tag{11.24b}$$

これらの式は軸の直径を d とすれば，式(5.15)，(5.16) と一致する。

11.3.4 は り の 曲 げ

図 11.11 のように，等分布荷重 w を受ける片持ばり AB の自由端 A における
たわみ v_A とたわみ角 θ_A を求める。カスティリアノの定理は分布荷重に対して
そのままでは使えないため，自由端に仮想荷重 P を加えた状態での曲げモーメ
ント M の分布を式(11.25) のように表す。

$$M = -\frac{wx^2}{2} - Px \tag{11.25}$$

曲げ剛性を EI とすると，式(10.19) よりひずみエネルギー U は式(11.26) となる。

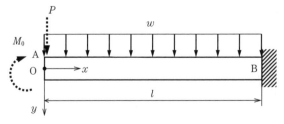

図 11.11 等分布荷重と仮想荷重を受ける片持ばり

$$U = \int_0^l \frac{\left(-\dfrac{wx^2}{2} - Px\right)^2}{2EI} dx \tag{11.26}$$

ここでカスティリアノの定理を用いると，v_A は式(11.27a) のようになる。

$$v_A = \frac{\partial U}{\partial P} = \int_0^l \frac{x\left(\dfrac{wx^2}{2} + Px\right)}{EI} dx \tag{11.27a}$$

実際には $P = 0$ であるから，式(11.27b) のように v_A が求まる。

$$v_A = \frac{1}{EI} \int_0^l \left(\frac{wx^3}{2}\right) dx = \frac{w}{2EI}\left[\frac{x^4}{4}\right]_0^l = \frac{wl^4}{8EI} \tag{11.27b}$$

これは式(8.35) と一致する。

　たわみ角を求めるときは，自由端に仮想モーメント M_0 を加えた状態の曲げモーメント M の分布を式(11.28) のように与える。

$$M = -\frac{wx^2}{2} + M_0 \tag{11.28}$$

ひずみエネルギー U は，式(10.19) より式(11.29) となる。

$$U = \int_0^l \frac{\left(-\dfrac{wx^2}{2} + M_0\right)^2}{2EI} dx \tag{11.29}$$

カスティリアノの定理を用いると，式(11.30a) となる。

$$\theta_A = \frac{\partial U}{\partial M_0} = \int_0^l \frac{\left(-\dfrac{wx^2}{2} + M_0\right)}{EI} dx \tag{11.30a}$$

実際には $M_0 = 0$ であるから，式(11.30b) のように θ_A が求まる。

$$\theta_A = \frac{w}{2EI} \int_0^l (-x^2) dx = -\frac{w}{2EI}\left[\frac{x^3}{3}\right]_0^l = -\frac{wl^3}{6EI} \tag{11.30b}$$

これは式(8.34) に一致する。

コラム 8

有限要素法（**2**）

　棒よりも複雑な平板に対する有限要素法を考えてみる。変形する平板中の任意の点の変位は一様ではなく，位置によって異なりうるが，連続であると考えられるため，座標に対する多項式で変位を近似する方法が考えられる。

　最も簡単な三角形平面要素における節点荷重と節点変位の定義を図に示す。このとき，要素内の任意の点Pにおける変位 u, v を式(1) で近似してみる。

$$\begin{bmatrix} u \\ v \end{bmatrix} = \begin{bmatrix} a_1 x + b_1 y + c_1 \\ a_2 x + b_2 y + c_2 \end{bmatrix} \tag{1}$$

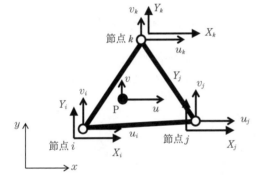

E：ヤング率
A：断面積
X_i, Y_i：荷重成分
u_i, v_i：変位成分

図　三角形平面要素における節点荷重・節点変位の定義

　すると，点Pにおけるひずみ成分 ε_x, ε_y, γ_{xy} は式(2) で求められることになる。

$$\begin{bmatrix} \varepsilon_x \\ \varepsilon_y \\ \gamma_{xy} \end{bmatrix} = \begin{bmatrix} \dfrac{\partial u}{\partial x} \\ \dfrac{\partial v}{\partial y} \\ \dfrac{\partial u}{\partial y} + \dfrac{\partial v}{\partial x} \end{bmatrix} = \begin{bmatrix} a_1 \\ b_2 \\ b_1 + a_2 \end{bmatrix} \tag{2}$$

ひずみが得られれば，フックの法則から応力が求められる。

　ここで例示している三角形要素では，変位を線形関数で近似しているため，要素内でひずみが一定になる。このため，物体内での応力の変化が大きいときは，十分に細かい要素に分割しないと良好な精度が得られない。

演 習 問 題

【11.1】 図 11.12 に示すように全長が l の片持ばり AB で，左端の自由端 A から右側に a だけ入ったスパン途中の位置 C で下向きの集中荷重 P を受けている。このときの自由端のたわみ v を相反定理を用いて求めなさい。はりの曲げ剛性は EI とする。

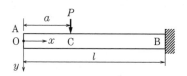

図 11.12　スパン途中で集中荷重を受ける片持ばり

【11.2】 図 11.13 のような全長が l の両端単純支持はりが，左端でモーメント M_0 を受けている。左端のたわみ角 θ_0 を求めなさい。はりの曲げ剛性は EI とする。

図 11.13　左端でモーメントを受ける両端単純支持はり

【11.3】 図 11.14 に示すような幅と高さがともに l となる直角二等辺三角形型トラスが，壁に拘束されていない節点 2 で下向きの荷重 P を受けている。このときの節点 2 の垂直方向の変位 v をカスティリアノの定理を用いて求めなさい。節点 1 は回転支持，節点 3 は回転・移動支持とする。棒の断面積は A，棒材のヤング率は E とする。

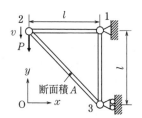

図 11.14　垂直荷重を受ける
直角二等辺三角形型トラス

12 柱　の　座　屈

　細長い針金をまっすぐ圧縮してつぶすことはほとんど不可能で，簡単に折れ曲がってしまう。細長い部品に圧縮荷重を受け持たせる場合は，圧縮による縮みだけでなく，曲がって生じる破損（座屈）に注意する必要がある。本章では，最も基本的なオイラーの座屈について述べる。

12.1　オイラーの座屈荷重

　圧縮荷重を受ける棒状の部品を**柱**（column）と呼ぶ。例えば，**図 12.1** のように下端を固定端，上端を自由端とした柱に圧縮荷重 P を加える場合を考える。P の作用点を柱の中心から y 方向に微小な偏心 e だけずれた位置とすると，柱は曲がり，上端に変位 δ を生じる。柱をはりと見なし，曲げ剛性を EI，下端からの高さ x の位置におけるたわみを v，曲げモーメントを M とすると，たわみ曲線の微分方程式は式(12.1) となる。

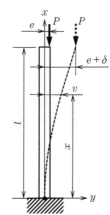

$$\frac{d^2v}{dx^2} = -\frac{M}{EI} = \frac{P}{EI}(e+\delta-v) \qquad (12.1)$$

ここで，x に依存しない式(12.2) の記号 p を導入する。

$$p^2 = \frac{P}{EI} \qquad (12.2)$$

p を用いて，式(12.1) は式(12.3) のように書き換

図 12.1　圧縮荷重を受ける一端固定—他端自由柱

えられる。

$$\frac{d^2v}{dx^2}+p^2v=p^2(e+\delta) \tag{12.3}$$

この微分方程式の一般解は，式(12.4a) のようになる。

$$v=C_1\sin px+C_2\cos px+(e+\delta) \tag{12.4a}$$

また，たわみ角 θ の一般解は式(12.4b) となる。

$$\theta=\frac{dv}{dx}=C_1 p\cos px-C_2 p\sin px \tag{12.4b}$$

ここで，C_1 と C_2 は積分定数であり，境界条件を満足するように定める。固定端 $(x=0)$ の境界条件，$\theta=0$，$v=0$ を用いると，式(12.5) のように定まる。

$$C_1=0,\qquad C_2=-(e+\delta) \tag{12.5}$$

式(12.5) を用いて式(12.4a) を書き換えると，式(12.6) を得る。

$$v=(e+\delta)(1-\cos px) \tag{12.6}$$

自由端 $(x=l)$ の境界条件，$v=\delta$ から，δ についての式(12.7) を得る。

$$\delta=\frac{e(1-\cos pl)}{\cos pl} \tag{12.7}$$

式(12.6) から δ を消去すると，式(12.8) を得る。

$$v=\frac{e(1-\cos px)}{\cos pl} \tag{12.8}$$

式(12.8) から $\cos pl=0$ の場合は，ごく微小の e であってもたわみが無限大に発散する。その条件は式(12.9) で与えられる。

$$pl=l\sqrt{\frac{P}{EI}}=\frac{2n+1}{2}\pi \tag{12.9}$$

ここで，n は 0 以上の整数である。

そのときの荷重 P に関する式(12.10) が得られる。

$$P = \frac{\pi^2 EI}{4l^2}(2n+1)^2 \tag{12.10}$$

n は整数であれば条件を満足するが，実用上はこのような状態を生じる最小の荷重 P_c に関心があるため，$n=0$ として式(12.11) を得る。

$$P_c = \frac{\pi^2 EI}{4l^2} \tag{12.11}$$

この P_c は偏心 e がごくわずかであっても座屈を生じる限界の荷重であり，**座屈荷重**（buckling load）と呼ぶ。また，座屈によって生じるたわみ曲線は式(12.8)のように三角関数で表現され，この形状を**座屈モード**（buckling mode）と呼ぶ。式(12.11) を**オイラーの公式**（Euler's column formula）と呼ぶ。

柱の断面積を A とすると，式(12.12) の**座屈応力**（buckling stress）σ_c が定義できる。

$$\sigma_c = \frac{P_c}{A} = \frac{\pi^2 EI}{4l^2 A} \tag{12.12}$$

ここで，式(12.13a) で定義される**断面二次半径**（radius of gyration of area）k と式(12.13b) で定義される**細長比**（slenderness ratio）λ を導入する。

$$k = \sqrt{\frac{I}{A}} \tag{12.13a}$$

$$\lambda = \frac{l}{k} \tag{12.13b}$$

これらを用いると，式(12.12) は式(12.14) のように書き換えられる。

$$\sigma_c = \frac{\pi^2 EI}{4l^2 A} = \frac{\pi^2 E k^2}{4l^2} = \frac{\pi^2 E}{4\lambda^2} \tag{12.14}$$

このように，座屈応力は柱の寸法には依存せず，寸法の比で定まる無次元数である細長比と材料に固有のヤング率のみに依存することがわかる。

12.2 境界条件の影響

12.2.1 両端回転支持柱

オイラーの公式を用いて，ほかの境界条件の柱に対する座屈荷重を求められ

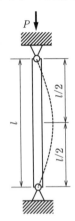

図12.2 両端回転支持柱

る。**図12.2** のように，両端が水平方向に移動しない
が回転は自由となるように支持した柱を考える。こ
の柱では中央でたわみ角がゼロとなるため，図12.1
の一端固定―他端自由の柱が 2 本直列に連結された
のと同じ座屈モードを示す。座屈荷重は式(12.11)
で l を $l/2$ で置き換えればよく，式(12.15) となる。

$$P_c = \frac{\pi^2 EI}{4\left(\dfrac{l}{2}\right)^2} = \frac{\pi^2 EI}{l^2} \tag{12.15}$$

両端回転支持柱の座屈荷重は，一端固定―他端自
由柱の 4 倍であることがわかる。

12.2.2 両端固定支持柱

図12.3 のような両端固定支持柱では，両端でたわみとたわみ角がゼロとな

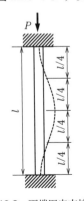

図12.3 両端固定支持柱

るのに加えて，中央でたわみ角がゼロとなり，図
12.1 の一端固定―他端自由柱が 4 本連結したときと
同じ座屈モードになるため，式(12.11) の l を $l/4$ に
置き換えて式(12.16) を得る。

$$P_c = \frac{\pi^2 EI}{4\left(\dfrac{l}{4}\right)^2} = \frac{4\pi^2 EI}{l^2} \tag{12.16}$$

両端を固定すると，座屈荷重は一端固定―他端自
由柱の 16 倍に増える。

コラム 9

有限要素法 (3)

　平面応力状態に置かれる平板における応力ひずみ関係は，式(9.22) より式(1) のように行列で表示できる。

$$
\begin{bmatrix} \sigma_x \\ \sigma_y \\ \tau_{xy} \end{bmatrix} = \frac{E}{1-\nu^2} \begin{bmatrix} 1 & \nu & 0 \\ \nu & 1 & 0 \\ 0 & 0 & \dfrac{1-\nu}{2} \end{bmatrix} \begin{bmatrix} \varepsilon_x \\ \varepsilon_y \\ \gamma_{xy} \end{bmatrix} = [D] \begin{bmatrix} \varepsilon_x \\ \varepsilon_y \\ \gamma_{xy} \end{bmatrix} \tag{1}
$$

ここで定義される $[D]$ を**応力ひずみマトリクス** (stress-strain matrix) と呼ぶ。

　さらに11章のコラム 8 で紹介したように，変位とひずみの関係も数式で表現でき，これを**ひずみ変位マトリクス** (strain-displacement matrix) $[B]$ を用いて表現すると，式(2) が得られる。ここで，節点の変位と荷重の定義は 11 章のコラム 8 と同じとする。

$$
\begin{bmatrix} \sigma_x \\ \sigma_y \\ \tau_{xy} \end{bmatrix} = [D] \begin{bmatrix} \varepsilon_x \\ \varepsilon_y \\ \gamma_{xy} \end{bmatrix} = [D][B] \begin{bmatrix} u_i \\ v_i \\ u_j \\ v_j \\ u_k \\ v_k \end{bmatrix} \tag{2}
$$

　節点荷重ベクトルと節点変位ベクトルの関係は，式(3) になる。

$$
\begin{bmatrix} X_i \\ Y_i \\ X_j \\ Y_j \\ X_k \\ Y_k \end{bmatrix} = [K^e] \begin{bmatrix} u_i \\ v_i \\ u_j \\ v_j \\ u_k \\ v_k \end{bmatrix} \tag{3}
$$

詳細は専門書にゆずるが，ここで導入した要素剛性マトリクス $[K^e]$ は，式(4) の体積分で求められる。

$$
[K^e] = \int_V [B]^{\mathrm{T}} [D][B] \, dV \tag{4}
$$

演 習 問 題

【12.1】 直径が 8.00 mm，全長が 800 mm の丸棒を柱として使い，下端を床に固定した状態で上端に圧縮荷重を加えたときの座屈荷重を求めなさい。柱の材料のヤング率は 210 GPa とする。

【12.2】 全長が 120 cm の矩形断面棒を柱として使い，下端を床に固定した状態で上端に圧縮荷重を加えたときの座屈荷重を求めなさい。ただし，柱の断面は 6.00 mm×12.0 mm の長方形とする。柱の材料のヤング率は 196 GPa とする。

【12.3】 全長が 840 mm の角棒を柱として使い，両端を回転支持した状態で上端に圧縮荷重を加えたときの座屈荷重を求めなさい。ただし，柱の断面は 1 辺の長さが 9.00 mm の正方形とする。柱の材料のヤング率は 130 GPa とする。

13 材料力学に基づく強度評価

材料力学を工業的に応用するためには，部品中の応力を評価した後に破損強度と関連付けて決定される許容応力と比較する必要がある。また，三次元の多軸応力場では一般に，応力成分は六つ算出される。通常は六つの応力成分から破損と関連性が高い代表的な応力を抽出し，許容応力との比較が行われる。本章では，着目すべき代表的な応力とその許容性の考え方について述べる。

13.1 圧 力 容 器

13.1.1 内圧を受ける円筒

図 13.1（ a ）のような内径が $2R_i$，板厚が t の円筒容器が内圧 p を受けるとき，円筒の胴部に生じる応力を考える。円筒の中心を原点とし，軸方向に z 軸，半径方向に r 軸をとる。図（ b ）のように容器を仮想切断し，ハッチングした着目部（胴部中央 1/4 円筒部と鏡板 1/8 球部）に対するつり合い関係を図（ c ）および図（ e ）のように検討する。

図（ c ）の胴部中央のハッチング部から，図（ d ）のような微小部分を切り出して検討する。微小部分は z 軸を含む二つの平面と，z 軸を法線とする二つの平面の合計四つの平面で囲まれる領域とすると，z 方向の応力 σ_z，周方向の応力 σ_θ および半径方向（板厚方向）の応力 σ_r が考えられる。この円筒に内圧を加えると，内外面の曲面は z 軸に対する回転対称を保ち，同心円筒上に保たれ，せん断変形を生じないため，これらの三つの応力は主応力となる。また主軸は z 軸，r 軸および円筒の接線方向（ θ 方向）の三つとなる。

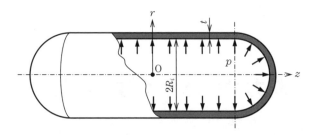

（a） 圧力容器円筒の寸法・形状の定義

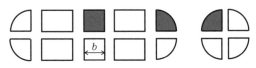

（b） 圧力容器円筒の仮想切断

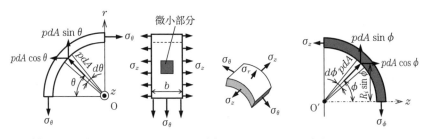

（c） 胴部中央 1/4 円筒部のつり合い　　（d） 胴部の微小部分　　（e） 鏡板 1/8 球部の
つり合い

図 13.1　内圧を受ける円筒容器におけるつり合い関係

半径方向応力は内面では内圧とつり合い，$\sigma_r = -p$ となり，外面では圧力が無視できるため $\sigma_r = 0$ となる。実用的な薄肉圧力容器では，σ_r はほかの二つの主応力に比べて小さく，$\sigma_r = 0$ と見なすことができ，図（d）の微小部分は近似的に平面応力状態に置かれる。

つぎに，図（c）の胴部の長さを b とし，この図で水平面から時計回りに θ だけ回転した位置で，微小な角度 $d\theta$ に囲まれる部分（面積 $= dA$）に内圧 p が加わるとすると，pdA を図面上で分解すれば，水平方向の荷重は $pdA\cos\theta$，垂直方向の荷重は $pdA\sin\theta$ となる。$d\theta$ が囲む微小部分の面積は $dA = bR_i d\theta$ となる。また，図（c）の下面に生じる応力 σ_θ は板厚方向に一様であると仮定す

ると，図(c)の垂直方向のつり合い関係は式(13.1) となる。

$$\sigma_\theta tb = \int_0^{\pi/2} p \sin\theta b R_i d\theta = pbR_i \int_0^{\pi/2} \sin\theta d\theta = pbR_i[-\cos\theta]_0^{\pi/2} = pbR_i$$

$$(13.1)$$

これより，式(13.2) が得られる。

$$\sigma_\theta = \frac{R_i}{t} p \tag{13.2}$$

　つぎに，図(e)のように容器端部の1/8 球部についてつり合いを考える。z 軸から反時計回りに ϕ だけ回転した位置に微小部分 $d\phi$ を考えると，微小部分は傾いた1/4 円環になり，その面積 dA は $(\pi/2)R_i^2 \sin\phi d\phi$ となる。この微小な1/4 円環上にはたらく内圧 p による荷重を分解して得られる水平方向荷重は，$pdA\cos\phi$ となる。この荷重とつり合う応力として，1/8 球部の左端の1/4 円環に生じる σ_z を板厚方向に一様と考えると，つり合い関係は式(13.3) となる。

$$\sigma_z \frac{\pi}{4}\{(R_i+t)^2 - R_i^2\} = \int_0^{\pi/2} p \cos\phi \frac{\pi}{2} R_i^2 \sin\phi d\phi$$

$$= \frac{\pi}{2} pR_i^2 \int_0^{\pi/2} \cos\phi \sin\phi d\phi = \frac{\pi}{2} pR_i^2 \int_0^{\pi/2} \left(\frac{\sin 2\phi}{2}\right) d\phi$$

$$= \frac{\pi}{2} pR_i^2 \left[-\frac{\cos 2\phi}{4}\right]_0^{\pi/2} = \frac{\pi}{4} pR_i^2 \tag{13.3}$$

これより，式(13.4a) が得られる。

$$\sigma_z = \frac{R_i^2}{(R_i+t)^2 - R_i^2} p \tag{13.4a}$$

板厚が半径に比べて小さいとき，$(t/R_i)^2$ を無視して式(13.4b) を得る。

$$\sigma_z = \frac{R_i}{2t} p \tag{13.4b}$$

このとき，σ_z は式(13.2) の σ_θ の1/2 になる。

　式(13.1) は，内圧を受ける胴部内面の圧力がもたらす垂直方向の荷重は，内面の曲面を平面に投影させてできる面積に圧力を加えたときの荷重に等しいこ

とを意味する。同様に式(13.3) も，球内面の曲面を z 軸に垂直な平面に投影させてできる面積に p を加えたときの荷重が，σ_z によってもたらされる荷重とつり合うことを意味する。曲面にはたらく圧力によってもたらされる荷重は，その荷重の方向に曲面を投影してできる平面に圧力を加えたときと等しくなる。

　ここで胴部の下端，半球部の左端の平面上で応力が一様と仮定していたが，厳密には応力は板厚方向（半径方向）に分布し，その大きさは r に依存するため，どの位置の応力に着目するかの議論がある。設計では簡便に式(13.2) に類する式を用い，代入する直径をどの位置で定義するかの検討が行われた。

　検討の結果，高温高圧蒸気を内包してクリープ破断（破裂）の恐れがあるボイラ管では，内径 $2R_i$ に代えて平均直径 $2R_i+t$ を用いて式(13.5) のようにすると実験とよく合うことから，アメリカ機械学会 (American Society of Mechanical Engineers：ASME) のボイラ設計規格に採用され，日本の JIS 規格にも反映されている。

$$\sigma_\theta = \frac{(2R_i+t)}{2t}\,p \tag{13.5}$$

式(13.5) を**平均径の式**（mean diameter formula）と呼ぶ。

　このように円筒圧力容器の最大主応力は周方向応力 σ_θ であり，与えられた公式から比較的簡単に求められる。これが許容引張応力以下となるように設計すればよい。

13.1.2　内圧を受ける球形タンク

　図 13.2 のような内半径が R_i，板厚が t の球形タンクに内圧 p が加わる場合を考える。内圧を受ける球形タンクの内外面は，変形後も中心を変えずに球形を保つため，図にハッチングで示した微小部分はせん断変形を受けない。このため，微小部分の六つの表面はいずれも主応力面である。

　タンクを地球に見立てて上端を北極とすれば，図のように赤道を含む面で仮想切断すると，切断面上には子午線方向応力 σ_θ が生じる。また，半径方向応力 σ_r は内面で $-p$，外面でゼロとなるため，薄肉タンク（$R_i \gg t$）であれば無視

してよく，この微小部分は近似的に平面応力状態に置かれると考えてよい。

　σ_θ を仮想切断面上で一様と見なすと，σ_θ がもた
らす垂直方向荷重は，p が半球内面にもたらす垂直
方向荷重とつり合うため，式(13.6) が成立する。

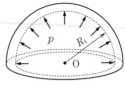

$$\sigma_\theta \pi \{(R_i + t)^2 - R_i^2\} = \pi R_i^2 p \qquad (13.6)$$

これを整理すると，式(13.7a) を得る。

$$\sigma_\theta = \frac{R_i^2}{(R_i + t)^2 - R_i^2} p \qquad (13.7a)$$

板厚が半径に比べて小さく，$(t/R_i)^2$ が無視できると
きは式(13.7b) となる。

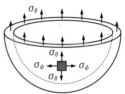

図 13.2　内圧を受ける
　　　　　球形タンク

$$\sigma_\theta = \frac{R_i}{2t} p \qquad (13.7b)$$

　図 13.2 の微小部分で子午線方向と直交する方向の応力を σ_ϕ とすると，球の
対称性から式(13.8) の関係が得られる。

$$\sigma_\phi = \sigma_\theta = \frac{R_i}{2t} p \qquad (13.8)$$

　すなわち，同じ内圧を受け，直径と板厚が等しいとき，球形タンクの許容圧
力は円筒容器の 2 倍にできることがわかる。また，設計上は最大主応力に着目
すればよく，$\sigma_\theta = \sigma_\phi$ を式(13.8) で求めて許容引張応力と比較すればよい。

13.2　3軸応力状態での主応力・主せん断応力　

　部品の破損を評価するうえでは，主応力ないし主せん断応力の最大値に着目
する方法が考えられる。一般の三次元問題に対して手計算で主応力，主せん断
応力を求めることは難しいが，ここでは基本的な考え方と重要な性質を述べて
おく。

13.2.1 応力の不変量

図 **13.3** に定義する微小平行六面体上における主応力を考察する。図 **13.4**（ a ）に示すような法線ベクトル **n** を持つ，図（ b ）のような傾斜断面 ABC を考える。ベクトル **n** が x 軸，y 軸，z 軸となす角をそれぞれ θ_x, θ_y, θ_z とし，**n** の大きさを 1 とすると，**n** の成分表示は式(13.9) となる。応力成分は共役性を考慮し

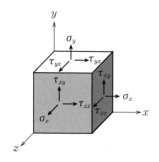

図 13.3　xyz 空間上の微小平行六面体の
各面に生じる応力成分

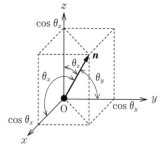

（ a ）　xyz 空間中のベクトルと
方向余弦を定義する角

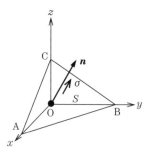

（ b ）　傾斜断面が作る四面体
と傾斜断面上の主応力

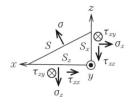

（ⅰ）　y 方向から見た図

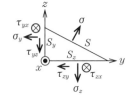

（ⅱ）　x 方向から見た図

（ c ）　傾斜断面が作る四面体の各面上の応力成分

図 13.4　主応力面をなす傾斜断面の法線ベクトルと応力成分のつり合い関係

て，σ_x, σ_y, σ_z, $\tau_{xy}=\tau_{yx}$, $\tau_{yz}=\tau_{zy}$, $\tau_{zx}=\tau_{xz}$ の 6 成分となる。

$$\boldsymbol{n}=\begin{bmatrix}\cos\theta_x\\\cos\theta_y\\\cos\theta_z\end{bmatrix} \tag{13.9}$$

　傾斜断面が主応力面になるよう n の方向を定めると，傾斜断面上にはせん断応力が生じず，垂直応力 σ のみが生じることになる。

　傾斜断面 ABC の面積を S とし，傾斜断面が形成する四面体 OABC のほかの面 OAB の面積を S_z, OBC の面積を S_x, OCA の面積を S_y とすると，それぞれ式(13.10) のように求められる。

$$S_x=S\cos\theta_x, \qquad S_y=S\cos\theta_y, \qquad S_z=S\cos\theta_z \tag{13.10}$$

　図 13.3 の応力成分がこれら傾斜断面を囲む三つの三角形の上で，図 13.4（c）のように生じているとすると，上記の面積の関係とせん断応力の共役性を利用して，式(13.11a)〜(13.11c) のつり合い関係を得る。

$$-\sigma\cos\theta_x+\sigma_x\cos\theta_x+\tau_{xy}\cos\theta_y+\tau_{zx}\cos\theta_z=0 \tag{13.11a}$$
$$-\sigma\cos\theta_y+\sigma_y\cos\theta_y+\tau_{yz}\cos\theta_z+\tau_{xy}\cos\theta_x=0 \tag{13.11b}$$
$$-\sigma\cos\theta_z+\sigma_z\cos\theta_z+\tau_{zx}\cos\theta_x+\tau_{yz}\cos\theta_y=0 \tag{13.11c}$$

式(13.11a)〜(13.11c) を行列を用いて表現すると，式(13.12) が得られる。

$$\begin{bmatrix}\sigma_x-\sigma & \tau_{xy} & \tau_{zx}\\\tau_{xy} & \sigma_y-\sigma & \tau_{yz}\\\tau_{zx} & \tau_{yz} & \sigma_z-\sigma\end{bmatrix}\begin{bmatrix}\cos\theta_x\\\cos\theta_y\\\cos\theta_z\end{bmatrix}=\begin{bmatrix}0\\0\\0\end{bmatrix} \tag{13.12}$$

式(13.12) がゼロベクトル以外の解を持つためには，式(13.12) の左辺の係数行列の行列式がゼロである必要があり，式(13.13a) となる。

$$\det\begin{bmatrix}\sigma_x-\sigma & \tau_{xy} & \tau_{zx}\\\tau_{xy} & \sigma_y-\sigma & \tau_{yz}\\\tau_{zx} & \tau_{yz} & \sigma_z-\sigma\end{bmatrix}=0 \tag{13.13a}$$

成分を用いて書き下すと，式(13.13b) のようになる。

$$(\sigma_x - \sigma)(\sigma_y - \sigma)(\sigma_z - \sigma) + 2\tau_{xy}\tau_{yz}\tau_{zx}$$
$$- (\sigma_y - \sigma)\tau_{zx}{}^2 - (\sigma_x - \sigma)\tau_{yz}{}^2 - (\sigma_z - \sigma)\tau_{xy}{}^2 = 0 \tag{13.13b}$$

さらに整理すると，式(13.13c) の三次方程式が得られる。

$$-\sigma^3 + (\sigma_x + \sigma_y + \sigma_z)\sigma^2$$
$$+ \{-(\sigma_x\sigma_y + \sigma_y\sigma_z + \sigma_z\sigma_x) + \tau_{xy}{}^2 + \tau_{yz}{}^2 + \tau_{zx}{}^2\}\sigma$$
$$+ (\sigma_x\sigma_y\sigma_z + 2\tau_{xy}\tau_{yz}\tau_{zx} - \sigma_x\tau_{yz}{}^2 - \sigma_y\tau_{zx}{}^2 - \sigma_z\tau_{xy}{}^2) = 0 \tag{13.13c}$$

この三次方程式の実数解は三つあり，大きいほうから最大主応力 σ_1，中間主応力 σ_2，最小主応力 σ_3 とする。三次方程式の係数となっている応力成分は座標軸の取り方によって変わりうるが，物体が受けている応力状態は変わらないため，式(13.13c) の係数は座標の取り方によらず不変となる。式(13.13c) の係数を J_1，J_2，J_3 とすると，これらは座標変換によって変わらないため**不変量**（invariant）と呼ぶ。

式(13.13c) は，式(13.13d) のように書き換えられる。

$$-\sigma^3 + J_1\sigma^2 + J_2\sigma + J_3 = 0 \tag{13.13d}$$

また，三つの不変量は式(13.14a)〜(13.14c) のようになる。

$$J_1 = \sigma_x + \sigma_y + \sigma_z \tag{13.14a}$$
$$J_2 = -(\sigma_x\sigma_y + \sigma_y\sigma_z + \sigma_z\sigma_x) + \tau_{xy}{}^2 + \tau_{yz}{}^2 + \tau_{zx}{}^2 \tag{13.14b}$$
$$J_3 = \sigma_x\sigma_y\sigma_z + 2\tau_{xy}\tau_{yz}\tau_{zx} - \sigma_x\tau_{yz}{}^2 - \sigma_y\tau_{zx}{}^2 - \sigma_z\tau_{xy}{}^2 \tag{13.14c}$$

式(13.13d) の三つの解を σ_1，σ_2，σ_3 とすると，式(13.13d) の三次方程式は式(13.15a) のようにも書けるはずである。

$$(\sigma_1 - \sigma)(\sigma_2 - \sigma)(\sigma_3 - \sigma) = 0 \tag{13.15a}$$

展開すると，式(13.15b) を得る。

$$-\sigma^3 + (\sigma_1 + \sigma_2 + \sigma_3)\sigma^2 + (-\sigma_1\sigma_2 - \sigma_2\sigma_3 - \sigma_3\sigma_1)\sigma + \sigma_1\sigma_2\sigma_3$$
$$= -\sigma^3 + J_1\sigma^2 + J_2\sigma + J_3 = 0 \tag{13.15b}$$

したがって，主応力と応力成分の間には，座標の取り方によらず式(13.16a)〜(13.16c) の関係が成り立つことがわかる。

$$J_1 = \sigma_x + \sigma_y + \sigma_z = \sigma_1 + \sigma_2 + \sigma_3 \tag{13.16a}$$

$$J_2 = -(\sigma_x\sigma_y + \sigma_y\sigma_z + \sigma_z\sigma_x) + \tau_{xy}{}^2 + \tau_{yz}{}^2 + \tau_{zx}{}^2$$

$$= -(\sigma_1\sigma_2 + \sigma_2\sigma_3 + \sigma_3\sigma_1) \tag{13.16b}$$

$$J_3 = \sigma_x\sigma_y\sigma_z + 2\tau_{xy}\tau_{yz}\tau_{zx} - \sigma_x\tau_{yz}{}^2 - \sigma_y\tau_{zx}{}^2 - \sigma_z\tau_{xy}{}^2$$

$$= \sigma_1\sigma_2\sigma_3 \tag{13.16c}$$

一般に，三次方程式を手計算で解くことは困難であるが，平面応力や平面ひずみでは板厚方向応力が主応力の一つであることが自明であり，残り二つは比較的簡単に解ける二次方程式の解となる。回転軸対称体では周方向応力はつねに主応力の一つであるため，やはり二次方程式を解く問題に置き換えられる。

13.2.2 3軸応力状態に対するモールの応力円

主応力の一つ σ_3 がわかったと仮定し，σ_3 を与える主応力面の法線方向に z 軸をとり，x 軸と y 軸は z 軸に直交するよう任意にとって考えてみる。残りの二つの主応力を定めるためには，図 **13.5**(a)のような板厚が t の微小部分で法線ベクトル **n** と x 軸とがなす角を θ_3 とし，図(b)のような傾斜断面上で垂直応力 σ とせん断応力 τ を受ける三角柱のつり合い問題を解けばよい。この結果は 9.3.2 項ですでに求めており，平面応力に対するモールの応力円と同じものが描け，残りの主応力 σ_1 と σ_2 が図 **13.6** のように求まる。主せん断応力は τ_3

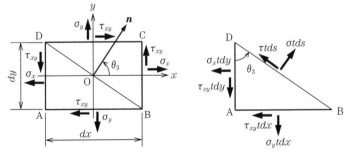

（a）微小部分にはたらく応力成分と　　（b）傾斜断面を含む三角柱に
　　傾斜断面の定義　　　　　　　　　　　おける力のつり合い

図 13.5 主応力の方向に z 軸をとったときの微小部分と傾斜断面が定義する三角柱

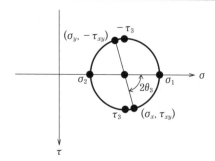

図 13.6　xy 平面を主応力に直交するよう
定義したときのモールの応力円

とした。

　同様に，σ_1 に直交する平面上に xy 平面を定義し，モールの応力円を描くと円の右端，左端は σ_2，σ_3 に対応する。さらに xy 平面が σ_2 に直交する場合を考えることで，**図 13.7** のように合計三つのモールの応力円が考えられる。

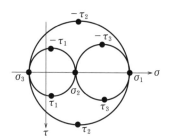

図 13.7　3 軸応力状態に対する三つの
モールの応力円

　三つの主せん断応力 τ_1，τ_2，τ_3 はそれぞれの円の上下端に対応し，正となるよう定義すると，式(13.17) が得られる。ただし，ここでは主せん断応力の大小の順序と番号を対応させていない。

$$\tau_1 = \left|\frac{\sigma_2 - \sigma_3}{2}\right|, \qquad \tau_2 = \left|\frac{\sigma_3 - \sigma_1}{2}\right|, \qquad \tau_3 = \left|\frac{\sigma_1 - \sigma_2}{2}\right| \tag{13.17}$$

13.3　降伏条件と相当応力

13.3.1　降伏がもたらす破損

材料が降伏し，顕著な塑性変形が生じると寸法のくるいなどが生じ，部品の

機能を損ねる恐れがある。また，降伏を伴う荷重が繰り返されると，疲労によるき裂の発生と進展が加速され，疲労寿命が短くなる（低サイクル疲労）。このため，降伏するかしないか，降伏の程度（塑性変形の大きさや降伏している領域の体積）は応力の許容性を判定するうえで有用な基準となる。

13.3.2　降　伏　条　件

〔1〕　**最大主応力説**　　三つの主応力 σ_1, σ_2, σ_3 のうち，絶対値が最大のものが降伏点に達したときに降伏するとの考えが**最大主応力説**（maximum principal stress criterion）である。脆性材料に対しては実験と一致するが，延性材料に対しては一致しないとされる。材料の降伏強さを S_y とすると，つぎの不等式 (13.18) を満足したとき降伏すると表現できる。

$$\max(|\sigma_1|, |\sigma_2|, |\sigma_3|) \geqq S_y \tag{13.18}$$

〔2〕　**最大せん断応力説**（**トレスカの降伏条件**）　　三つの主せん断応力 τ_1, τ_2, τ_3 の絶対値が最大のものの 2 倍が降伏点に達したときに降伏するとの考えが最大せん断応力説であり，提案者の名前をとって**トレスカの降伏条件**（Tresca yield criterion）と呼ぶ。延性材料の降伏挙動によく一致するとされる。つぎの不等式 (13.19) で表現される。

$$\begin{aligned}\sigma_T &= \max(|2\tau_1|, |2\tau_2|, |2\tau_3|) \\ &= \max(|\sigma_1 - \sigma_2|, |\sigma_2 - \sigma_3|, |\sigma_3 - \sigma_1|) \geqq S_y\end{aligned} \tag{13.19}$$

ここで定義している σ_T を**トレスカの相当応力**（Tresca's equivalent stress）と呼び，多軸応力状態における応力の強さを引張試験と比較しうる一つのスカラで表すために用いられる。

せん断応力が τ の純粋せん断条件で使用される部品の場合，降伏条件は式(13.20) となる。許容せん断応力を許容引張応力の 0.5 倍とすべき根拠はここにある。

$$2\tau \geqq S_y \tag{13.20}$$

〔3〕　**最大せん断ひずみエネルギー説**（**ミーゼスの降伏条件**）　　微小部分

の応力が図13.3のようであったときの弾性体のひずみエネルギー U は，対応するひずみ成分を ε_x, ε_y, ε_z, γ_{xy}, γ_{yz}, γ_{zx} として，式(13.21) のように表せる。

$$U = \int_V \left(\frac{\sigma_x \varepsilon_x + \sigma_y \varepsilon_y + \sigma_z \varepsilon_z + \tau_{xy} \gamma_{xy} + \tau_{yz} \gamma_{yz} + \tau_{zx} \gamma_{zx}}{2} \right) dV \tag{13.21}$$

ひずみエネルギーは座標変換に依存しないため，三つの座標軸を主応力軸に合わせると，三つの主応力を用いて式(13.22) のように書き直せる。

$$U = \int_V \left(\frac{\sigma_1 \varepsilon_1 + \sigma_2 \varepsilon_2 + \sigma_3 \varepsilon_3}{2} \right) dV \tag{13.22}$$

ここで ε_1, ε_2, ε_3 は**主ひずみ** (principal strain) であり，フックの法則に基づき，ヤング率を E，ポアソン比を ν として，式(13.23a)〜(13.23c) のように求められる。

$$\varepsilon_1 = \frac{\sigma_1}{E} - \frac{\nu}{E}(\sigma_2 + \sigma_3) \tag{13.23a}$$

$$\varepsilon_2 = \frac{\sigma_2}{E} - \frac{\nu}{E}(\sigma_3 + \sigma_1) \tag{13.23b}$$

$$\varepsilon_3 = \frac{\sigma_3}{E} - \frac{\nu}{E}(\sigma_1 + \sigma_2) \tag{13.23c}$$

式(13.23a)〜(13.23c) を用いると，式(13.22) の積分の中の式は式(13.24) となる。

$$\frac{\sigma_1}{2E}\{\sigma_1 - \nu(\sigma_2 + \sigma_3)\} + \frac{\sigma_2}{2E}\{\sigma_2 - \nu(\sigma_3 + \sigma_1)\} + \frac{\sigma_3}{2E}\{\sigma_3 - \nu(\sigma_1 + \sigma_2)\}$$

$$= \frac{1-2\nu}{6E}(\sigma_1 + \sigma_2 + \sigma_3)^2 + \frac{1+\nu}{6E}\{(\sigma_1 - \sigma_2)^2 + (\sigma_2 - \sigma_3)^2 + (\sigma_3 - \sigma_1)^2\}$$

$$\tag{13.24}$$

式(13.24) を用いて式(13.22) を書き直すと，式(13.25) となる。

$$U = \frac{1-2\nu}{6E} \int_V (\sigma_1 + \sigma_2 + \sigma_3)^2 dV$$

$$+ \frac{1+\nu}{6E} \int_V \{(\sigma_1 - \sigma_2)^2 + (\sigma_2 - \sigma_3)^2 + (\sigma_3 - \sigma_1)^2\} dV \tag{13.25}$$

式(13.25) の右辺第 1 項の積分の中の主応力の総和は，体積ひずみに比例する。
降伏は原子の並びのずれによって生じるため，等方的に原子間距離が変化する
体積ひずみは降伏には寄与しない。右辺第 2 項の主応力の差は主せん断応力の
2 倍にあたるため，この項はせん断応力に関係し，降伏現象にも関係する。こ
のため第 2 項の積分の中の式を取り出し，単軸の降伏点に合うようにすると，
つぎの不等式(13.26) を得る。この考えを**最大せん断ひずみエネルギー説** (maximum shear stress energy criterion)，不等式を**ミーゼスの降伏条件** (von Mises
yield criterion) と呼ぶ。

$$\sigma_M = \sqrt{\frac{(\sigma_1 - \sigma_2)^2 + (\sigma_2 - \sigma_3)^2 + (\sigma_3 - \sigma_1)^2}{2}} \geqq S_y \tag{13.26}$$

ここで定義される σ_M を**ミーゼスの相当応力** (von Mises's equivalent stress)
と呼び，トレスカの相当応力とともに多軸応力状態での応力の強さを一つのス
カラで表すのによく用いられる。

ミーゼスの相当応力の 2 乗は，式(13.27) のように 13.2.1 項で示した不変量で
表すことができる。

$$\begin{aligned}
\sigma_M{}^2 &= \frac{(\sigma_1 - \sigma_2)^2 + (\sigma_2 - \sigma_3)^2 + (\sigma_3 - \sigma_1)^2}{2} \\
&= (\sigma_1 + \sigma_2 + \sigma_3)^2 - 3(\sigma_1\sigma_2 + \sigma_2\sigma_3 + \sigma_3\sigma_1) \\
&= J_1{}^2 + 3J_2
\end{aligned} \tag{13.27}$$

式(13.14a) と式(13.14b) を用いて不変量を応力成分で表すと，式(13.28) が得ら
れる。

$$\begin{aligned}
\sigma_M{}^2 &= J_1{}^2 + 3J_2 \\
&= (\sigma_x + \sigma_y + \sigma_z)^2 - 3(\sigma_x\sigma_y + \sigma_y\sigma_z + \sigma_z\sigma_x) + 3(\tau_{xy}{}^2 + \tau_{yz}{}^2 + \tau_{zx}{}^2) \\
&= \frac{1}{2}\{(\sigma_x - \sigma_y)^2 + (\sigma_y - \sigma_z)^2 + (\sigma_z - \sigma_x)^2 + 6(\tau_{xy}{}^2 + \tau_{yz}{}^2 + \tau_{zx}{}^2)\}
\end{aligned}$$

$$\tag{13.28}$$

式(13.28) より，主応力を求めなくとも，式(13.29) でミーゼスの相当応力を求
めることができる。

$$\sigma_M = \sqrt{\frac{(\sigma_x - \sigma_y)^2 + (\sigma_y - \sigma_z)^2 + (\sigma_z - \sigma_x)^2 + 6(\tau_{xy}{}^2 + \tau_{yz}{}^2 + \tau_{zx}{}^2)}{2}} \quad (13.29)$$

　ミーゼスの相当応力は，有限要素法などで部品中の応力の分布を求めた際に，相当応力の大きさに応じて色分けするカラーコンター表示でよく用いられる。ミーゼスの相当応力が降伏点を超えている部分があれば，その場所で塑性ひずみが生じることになり，設計のための有益な情報が得られる。

　純粋せん断で $\tau_{xy} = \tau$ のみが生じる場合を考えると，降伏条件は不等式 (13.30) になる。

$$\sigma_M = \sqrt{3}\,\tau \geqq S_y \tag{13.30}$$

許容せん断応力を許容引張応力の 0.58 倍とするのは，このためである。

　本項で述べた三つの降伏条件を表す不等式で等号が成立する限界を，$\sigma_2 = 0$ となる平面応力状態に対して図示すると**図 13.8** のようになる。図では，三つの閉じた図形が囲む内側が弾性範囲になっている。最大主応力説では正方形，最大せん断ひずみエネルギー説（ミーゼスの降伏条件）では 45° 傾いただ円，最大せん断応力説（トレスカの降伏条件）ではそのだ円に内接する六角形が与えられる。これより，トレスカの降伏条件はミーゼスの条件よりも小さめの弾性範囲となり，安全側の評価をもたらす傾向があるが，角部では両者は一致することがわかる。

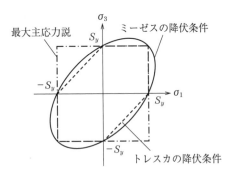

図 13.8　平面応力における三つの降伏条件の比較

13.4 応 力 集 中

13.4.1　応力集中を考慮すべき場合

棒，平板，円筒容器，球形タンクなどの比較的単純な形状であれば，応力を公式的に算出でき，部品の設計に応用できるが，一般の機械部品には段差や**切欠**（notch）などの形状が変化する部分を含むことが多い。こうした箇所では，つり合い関係から推定される応力よりも高い応力を生じ，部品の強度や耐久性が低下することがある。このような現象を**応力集中**（stress concentration）と呼び，注意を払う必要がある。

部品中の小さい領域でのみ高い応力が発生しても，それが部品全体の破壊をもたらすとは限らないが，高い応力の増減が繰り返される場合は，その位置にき裂が発生し，き裂が成長することで破壊する**疲労破壊**（fatigue fracture）をもたらすことがある。このため，角や段差には適切な丸みを付けて応力集中を軽減する必要がある。

疲労を考慮せず，引張破断を基準として応力状態の許容性を判定する場合は，3.5節に示したように，想定破断面上で一様な応力が仮定される。

13.4.2　一様引張を受ける円孔付き無限平板

応力集中の例として，**図 13.9** に示す円孔付き無限平板が円孔から離れた位置で一様な引張応力 σ_n を受ける場合を考える。円孔の半径を a とし，引張応力の方向に y 軸，y 軸と直交する水平右向きに x 軸をとると，y 方向応力 σ_y は式(13.31) に従うことが知られている。

$$\sigma_y = \frac{\sigma_n}{2}\left(2 + \frac{a^2}{x^2} + \frac{3a^4}{x^4}\right) \tag{13.31}$$

最大応力 $\sigma_{\max}$ は円孔縁（$x=a$）で発生し，$3\sigma_n$ となる。

ここで，式(13.32) で定義する**応力集中係数**（stress concentration factor）K_t を導入する。

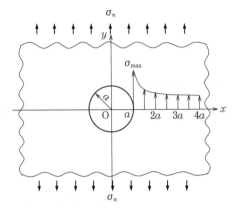

図 13.9   一様引張を受ける円孔付き無限平板

$$\sigma_{\max} = K_t \sigma_n \qquad\qquad (13.32)$$

K_t は線形弾性体であれば，物体の形状のみに依存し，ヤング率や寸法に依存しないため，一度求めておけば寸法やヤング率が異なる部品にも使用できる。また，典型的な形状に対して便覧などに数表やグラフが示されている。

式(13.32) の σ_n は基準応力であり，応力が集中しないと仮定して，つり合い関係などから公式的に定めることが多い。基準応力の取り方は物体の形状や荷重条件によって異なるため，K_t を求めた際の定義を確認する必要がある。

σ_n が変動するとき，式(13.32) を用いて $\sigma_{\max}$ の変動範囲がわかれば S–N 曲線から疲労寿命を推定できる。

13.4.3 引張を受ける円孔付き帯板

図 13.10 に示すような幅が $2b$，板厚が t で有限であるが，引張方向には十分に長い帯板を考える。帯板の中心に半径が a の円孔を持ち，遠方で引張荷重 P を受けるとする。この場合の応力集中係数は図（b）のようになり，部品の形状を表す無次元数 a/b に依存する。a/b が十分に小さいときは無限平板に近づくため，K_t は 3 に近づいている。

この場合の基準応力 σ_n は，帯板の実断面上で一様に分布する応力を仮定し，

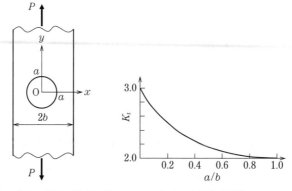

（a）　帯板の形状・荷重条件　　　　　（b）　応力集中係数

図 13.10　遠方で引張を受ける円孔付き帯板（日本機械学会　編：機械
工学便覧，$\alpha3$，材料力学，$\alpha3\text{-}70$（2014）を一部修正）

遠方の荷重とのつり合いから，式(13.33) としている。

$$\sigma_n = \frac{P}{2(b-a)t} \tag{13.33}$$

13.4.4　引張または曲げを受ける両側半円切欠付き帯板

図 13.11 に示すような幅が $2b$，板厚が t の帯板の両側に半径 a の半円形状の切欠を持つ場合を考える。遠方で受ける引張荷重 P に対して，実断面で一様な応力分布を仮定し，基準応力 σ_n は式(13.34a) としている。

$$\sigma_n = \frac{P}{2(b-a)t} \tag{13.34a}$$

遠方でモーメント M を受ける場合は，実断面部をはりと見なし，断面二次モーメント I を用いて，線形に分布する応力を仮定し，式(13.34b) を基準応力 σ_n とする。

$$\sigma_n = \frac{M}{I}(b-a) = \frac{12M}{\{2(b-a)\}^3 t} \times (b-a) = \frac{3M}{2(b-a)^2 t} \tag{13.34b}$$

応力集中係数 K_t は a/b に依存し，図（b）のようになる。

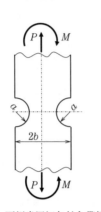 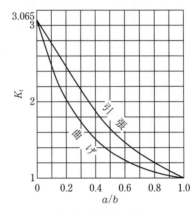

（a）　両側半円切欠き付き帯板の　　　　（b）　応力集中係数
　　　形状・荷重条件

図 13.11　遠方で軸力またはモーメントを受ける両側半円切欠き付き帯
　　　　　板の応力集中係数（日本機械学会 編：機械工学便覧，α3,
　　　　　材料力学，α3-72（2014）を一部修正）

演 習 問 題

【13.1】 許容引張応力が 100 MPa の材料で製作した胴部の内径が 800 mm の薄肉円筒
圧力容器に，内圧 2.80 MPa の流体を封入したい。最小限必要な板厚を求めな
さい。圧力容器に生じる使用応力は想定破断面上の平均応力で代表させる。

【13.2】 xy 平面上で平面応力状態に置かれる平板がある。2方向の垂直応力をそれぞ
れ $\sigma_x = 150$ MPa，$\sigma_y = -50.0$ MPa，せん断応力を $\tau_{xy} = 50.0$ MPa とするとき，
トレスカの相当応力とミーゼスの相当応力を求めなさい。

【13.3】 xy 平面上で平面応力状態に置かれる平板がある。2方向の垂直応力をそれぞ
れ $\sigma_x = 100$ MPa，$\sigma_y = -50.0$ MPa，せん断応力を $\tau_{xy} = 75.0$ MPa とするとき，
トレスカの相当応力とミーゼスの相当応力を求めなさい。

演習問題略解

1章

【1.1】

（a） 左端の反力は上向きで大きさは P，左端の反モーメントは反時計回りで大きさは Pl

（b） 左端の反モーメントは時計回りで大きさは M

（c） 左端の反力は上向きで大きさは $wl/2$，左端の反モーメントは反時計回りで大きさは $3wl^2/8$

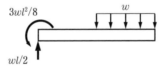

（d） 左端，右端とも反力は上向きで大きさは $P/2$

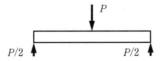

（e） 左端の反力は上向きで大きさは M/l，右端の反力は下向きで大きさは M/l

（ｆ） 左端の反力は上向きで大きさは $wl/8$，右端の反力は上向きで大きさは $3wl/8$

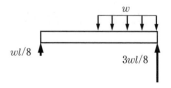

2 章

【2.1】 応力は 239 MPa，ひずみは 1.14×10^{-3}，伸びは 1.02 mm，直径の変化は $-2.73\,\mu\mathrm{m}$ となる。

【2.2】 応力は 59.2 MPa，ひずみは 8.00×10^{-4}，伸びは 0.640 mm，辺の長さの変化は $-3.43\,\mu\mathrm{m}$ となる。

【2.3】 ヤング率は 209 GPa，ポアソン比は 0.328 である。

【2.4】 せん断応力は 93.8 MPa，せん断ひずみは 1.93×10^{-3}，平板の変位は $7.73\,\mu\mathrm{m}$ となる。

3 章

【3.1】 （省略）

【3.2】 許容引張応力は 133 MPa となる。

【3.3】 許容軸力は 1.92 kN となる。

【3.4】 許容荷重は 5.44 kN となる。

4 章

【4.1】 右端 B の変位：$\dfrac{16Pl}{3\pi Ed^2}$，　　位置 C の変位：$\dfrac{8Pl}{3\pi Ed^2}$

【4.2】 連結部 B の変位：$\dfrac{20Pa}{9\pi Ed^2}$，　　右端 C の変位：$\dfrac{56Pa}{9\pi Ed^2}$

【4.3】 丸棒 AB に生じる熱応力：$-\dfrac{9\alpha E\varDelta T}{14}$

　　　　丸棒 BC に生じる熱応力：$-\dfrac{81\alpha E\varDelta T}{56}$

5 章

【5.1】 最大せん断応力は 99.5 MPa，ねじれ角は 6.16×10^{-2} rad となる。

【5.2】 断面二次極モーメント：$\dfrac{\pi(d_1{}^4-d_2{}^4)}{32}$,　　極断面係数：$\dfrac{\pi(d_1{}^4-d_2{}^4)}{16d_1}$

【5.3】 最大せん断応力：$\dfrac{32T}{3\pi d^3}$,　　位置 C におけるねじれ角：$\dfrac{64Tl}{9\pi Gd^4}$

6 章

【6.1】

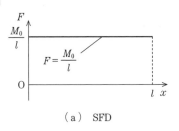

（a）SFD

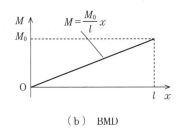

（b）BMD

【6.2】

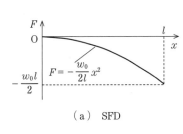

（a）SFD

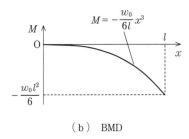

（b）BMD

【6.3】

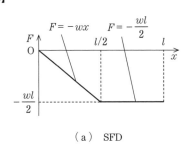

（a）SFD

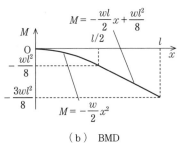

（b）BMD

[6.4]

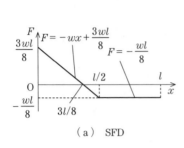

（a） SFD

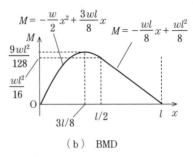

（b） BMD

7 章

[7.1]

（a） 断面二次モーメント：$\dfrac{\pi(d_1^4 - d_2^4)}{64}$， 断面係数：$\dfrac{\pi(d_1^4 - d_2^4)}{32d_1}$

（b） 断面二次モーメント：$\dfrac{bh^3}{36}$， 断面係数：$\dfrac{bh^2}{24}$（頂点）, $\dfrac{bh^2}{12}$（底辺）

[7.2] 最大の曲げ応力は 210 MPa となる。

[7.3] 最大の曲げ応力は 377 MPa となる。

8 章

[8.1] $\theta = -\dfrac{M_0}{6EIl}(3x^2 - l^2),\qquad v = -\dfrac{M_0}{6EIl}(x^3 - l^2 x)$

[8.2] $\theta = \dfrac{w_0}{24EIl}(x^4 - l^4),\qquad v = \dfrac{w_0}{120EIl}(x^5 - 5l^4 x + 4l^5)$

[8.3] $\theta = \begin{cases} \dfrac{w}{48EI}(8x^3 - 7l^3) & (0 \leqq x \leqq l/2) \\[2mm] \dfrac{w}{8EI}(2lx^2 - l^2 x - l^3) & (l/2 \leqq x \leqq l) \end{cases}$

$v = \begin{cases} \dfrac{w}{384EI}(16x^4 - 56l^3 x + 41l^4) & (0 \leqq x \leqq l/2) \\[2mm] \dfrac{w}{48EI}(4lx^3 - 3l^2 x^2 - 6l^3 x + 5l^4) & (l/2 \leqq x \leqq l) \end{cases}$

9 章

[9.1] 二つの主応力を σ_1, σ_2, 主せん断応力を τ_3 として，それぞれ以下のようになる。

（1）　$\sigma_1 = \sigma_0$,　　$\sigma_2 = 0$,　　$\tau_3 = \dfrac{\sigma_0}{2}$

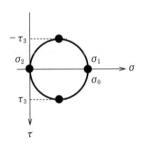

（2）　$\sigma_1 = \tau_0$,　　$\sigma_2 = -\tau_0$,　　$\tau_3 = \tau_0$

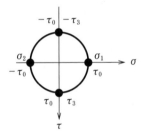

（3）　$\sigma_1 = \sigma_0$,　　$\sigma_2 = \sigma_0$,　　$\tau_3 = 0$

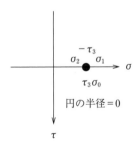

円の半径 = 0

[9.2]

（1）　$\varepsilon_x = 1.08 \times 10^{-3}$,　　$\varepsilon_y = -5.50 \times 10^{-4}$,　　$\varepsilon_z = -2.25 \times 10^{-4}$,

　　　$\gamma_{xy} = 7.80 \times 10^{-4}$,　　$\gamma_{yz} = 0$,　　$\gamma_{zx} = 0$

（2）　$\sigma_x = 121\,\text{MPa}$,　　　$\sigma_y = -264\,\text{MPa}$,　　　$\sigma_z = \tau_{yz} = \tau_{zx} = 0$,　　　$\tau_{xy} = 46.2\,\text{MPa}$

[9.3]　主応力：160 MPa，10.0 MPa

　　　　　主せん断応力：75.0 MPa

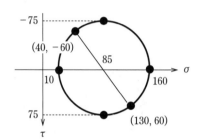

10章

[10.1]　$\dfrac{T_0\phi_0}{2}$

[10.2]　$\dfrac{M_0\theta_0}{2}$

11章

[11.1]　$v = \dfrac{P}{6EI}(a^3 - 3l^2a + 2l^3)$

[11.2]　$\theta_0 = \dfrac{M_0 l}{3EI}$

[11.3]　$v = \dfrac{2(1+\sqrt{2})Pl}{EA}$

12章

[12.1]　163 N

[12.2]　72.5 N

[12.3]　994 N

13 章

【13.1】　11.2 mm

【13.2】　トレスカの相当応力：224 MPa

　　　　　ミーゼスの相当応力：200 MPa

【13.3】　トレスカの相当応力：212 MPa

　　　　　ミーゼスの相当応力：185 MPa

索　引

【あ行】

安全率	40
一般化したフックの法則	111
上降伏点	32
影響係数	136
延性	34
延性材料	34
オイラーの公式	149
応力	20
応力―ひずみ曲線	32
応力再配分	41
応力集中	167
応力集中係数	167
応力振幅	37
応力成分	109
応力範囲	37
応力ひずみマトリクス	151

【か行】

外積	18
外力	9
加工硬化	32
荷重	2
荷重制御型	37
カスティリアノの定理	137
仮想切断面	21
加速クリープ	39
片持ばり	77
境界条件	13
共役	29
極断面係数	61
許容応力	40
許容引張応力	40
切欠	167
き裂	36
偶力	7
くびれ	33

クリープ	38
クリープ試験	38
クリープ破断曲線	39
クリープ破断時間	38
クリープひずみ	38
クリープひずみ曲線	38
高サイクル疲労	37
公称応力	22
公称ひずみ	24
拘束	13
剛体	2
降伏強さ	33
降伏点	32

【さ行】

最大主応力説	163
最大せん断ひずみエネルギー説	165
材料定数	28
材料力学	2
座屈応力	149
座屈荷重	149
座屈モード	149
軸	12
軸荷重	11
軸力	11
下降伏点	32
重心	10
集中荷重	10
自由物体図	14
主応力	117
主応力面	117
主軸	120
主せん断応力	117
主せん断応力面	118
主ひずみ	164
使用応力	40
真応力	34

真ひずみ	34
垂直応力	21
垂直ひずみ	24
脆性材料	34
静定問題	104
静的問題	2
節点	140
遷移クリープ	39
線形重ね合わせの原理	2
線形弾性	2
せん断応力	22
せん断力	11
せん断弾性係数	28
せん断ひずみ	25
せん断力図	70
線膨張係数	52
相反定理	135
塑性ひずみ	26
塑性変形	1

【た行】

体積弾性係数	112
体積ひずみ	111
体積力	10
大変形解析	44
耐力	33
縦弾性係数	28
縦ひずみ	28
たわみ	12
たわみ角	94
たわみ曲線	94
――の微分方程式	96
単純支持	13
弾性	1
断面係数	89
断面二次極モーメント	61
断面二次半径	149
断面二次モーメント	88

力	2	はり	12	変位	1
——のモーメント	2	反力	11	変形	1
中立軸	87	微小変形	2	ポアソン比	28
中立面	87	ひずみエネルギー	125	棒	11
つり合い	2	ひずみエネルギー密度	126	崩壊	1
低サイクル疲労	38	ひずみ制御	38	方向余弦	5
定常クリープ	39	ひずみ範囲	38	棒要素	130
等分布荷重	13	ひずみ変位マトリクス	151	細長比	149
トラス	139	非線形	56		
トルク	8	引張曲線	32	**【ま行】**	
トレスカの降伏条件	163	引張試験	31	曲げ応力	87
トレスカの相当応力	163	引張強さ	33	曲げ荷重	12
【な行】		非等分布荷重	13	曲げ剛性	88
		比ねじれ角	59	曲げモーメント	70
内積	5	標点間距離	31	曲げモーメント図	70
内力	21	表面力	10	ミーゼスの降伏条件	165
ねじり応力	60	比例限度	32	ミーゼスの相当応力	165
ねじり剛性	61	疲労	36	面積モーメント法	83
ねじりモーメント	12	疲労限度	38	面内変形	13
ねじれ角	62	疲労試験	36	モールの応力円	117
熱応力	52	疲労寿命	37	**【や・ら行】**	
熱伸び	27	疲労線図	38	ヤング率	28
熱ひずみ	27	疲労破壊	167	有限要素法	130
熱膨張	26	負荷	2	要素剛性マトリクス	130
伸び	24	不静定問題	104	横弾性係数	28
【は行】		フックの法則	28	横ひずみ	28
		物体	1	両端単純支持はり	71
破壊	1	物体力	10	**【欧文】**	
柱	147	不変量	160		
破損	1	平均応力	37	BMD	70
破損繰返し数	37	平均径の式	156	S-N 線図	38
破損モード	40	平行軸の定理	90	SFD	70
破断	1	平面応力	114		
破断絞り	34	平面ひずみ	115		
破断伸び	33	ベクトル	3		

──── 著者略歴 ────

1987 年　東京大学大学院工学系研究科修士課程修了（機械工学専攻）
1987 年　財団法人電力中央研究所研究員
1992 年　Nuclear Electric, plc（UK）Berkeley Technology Centre（旧 CEGB Berkeley
　　　　Nuclear Laboratories）　訪問研究員
〜93 年
1995 年　日本原子力発電株式会社出向
〜98 年
2008 年　博士（工学）（東京大学）
2014 年　東洋大学教授
　　　　現在に至る

つり合いから読み解く材料力学
Mechanics of Materials Beginning with Equilibrium

Ⓒ Terutaka Fujioka 2021

2021 年 10 月 18 日　初版第 1 刷発行　　　　　　　　　　　　　★

検印省略

著　者　藤　岡　照　高
発　行　者　株式会社　コ　ロ　ナ　社
代　表　者　牛　来　真　也
印　刷　所　美研プリンティング株式会社
製　本　所　有限会社　愛千製本所

112-0011　東京都文京区千石 4-46-10
発行所　株式会社　コ　ロ　ナ　社
CORONA PUBLISHING CO., LTD.
Tokyo Japan
振替 00140-8-14844・電話（03）3941-3131（代）
ホームページ https://www.coronasha.co.jp

ISBN 978-4-339-04675-5　C3053　Printed in Japan　　　　　（谷口）

【た】

対角化	53, 100
対角化行列	52
対角行列	51
たたみ込み	58
単振動	57

【て】

定常状態	12, 40, 104, 112
デューティ比	13

【と】

動力学の変分原理	76, 80, 90

【な】

ナイフエッジモデル	151
内部エネルギー	73, 87

【に】

ニューテーション角	122

【は】

パフィアン制約	22, 33, 99
パルス幅変調	13
汎関数	87

【ひ】

微分ゲイン	39
——を数値的に解く	25
非ホロノミック制約	21, 150

標準形	4, 14, 17, 25, 40,
	42, 46, 47, 82, 86,
	93, 131, 138, 144
比例ゲイン	39, 43
比例制御	39, 42
比例積分制御	45
比例積分微分制御	40, 111
比例微分制御	39

【ふ】

不安定	67, 103
ファンデルポールの方程式	36
フィードバック制御	38

【へ】

閉リンク機構	18, 83
変　分	74, 77

【ほ】

ホイン法	26
ポテンシャルエネルギー	73,
	76, 81, 87, 90, 106, 111
ポールホード	133
ホロノミック制約	
	7, 78, 85, 92, 150

【も】

モータ定数	11
モデリング	
	1, 3, 10, 15, 18, 21, 41
モデル	1
コンピュータ——	1

数式——	1
モーメントベクトル	98

【や】

ヤコビ行列	20, 85

【ゆ】

有限要素法	90

【ら】

ラウスの安定判別法	
	44, 68, 144
ラグランジアン	
	77, 83, 92, 96, 189
ラグランジュの運動方程式	
	77, 82, 85, 92, 97, 189
ラグランジュの未定乗数	
	20, 74, 78, 90, 96
ラサールの安定定理	110

【り】

リアプノフ関数	109, 113, 132
リアプノフの安定定理	110
力学的エネルギー	106, 116
リプシッツ条件	35
リミットサイクル	176
臨界減衰	30, 61

【る】

ルンゲ・クッタ・フェール	
ベルグ法	28
ルンゲ・クッタ法	26, 141

【C】

CSM	30

【D】

DC モータ	10, 166

【F】

FEM	90

【P】

P 制御	39

PD 制御	39, 46
PI 制御	45, 165
PID 制御	40, 47
PWM	13

———— 著者略歴 ————

平井 慎一（ひらい しんいち）
1985年　京都大学工学部数理工学科卒業
1987年　京都大学大学院工学研究科修士課程修了（数理工学専攻）
1989年　マサチューセッツ工科大学客員研究員
1990年　京都大学大学院工学研究科博士課程単位取得退学（数理工学専攻）
1991年　工学博士（京都大学）
1995年　大阪大学助教授
1996年　立命館大学助教授
2002年　立命館大学教授
　　　　現在に至る

坪内 孝司（つぼうち たかし）
1983年　筑波大学第一学群自然学類卒業
1988年　筑波大学大学院博士課程工学研究科修了（電子・情報工学専攻）
　　　　工学博士
1999年　筑波大学助教授
2006年　筑波大学教授
　　　　現在に至る

秋下 貞夫（あきした さだお）
1961年　京都大学工学部航空工学科卒業
1961年　プリンス自動車工業株式会社入社
1964年　三菱電機株式会社中央研究所
1980年　工学博士（東京大学）
1988年　立命館大学教授
2004年　立命館大学名誉教授

モデリングと制御
Modeling and Control 　　　　　　　　　　　Ⓒ Hirai, Tsubouchi, Akishita 2021

──

2021 年 5 月 26 日　初版第 1 刷発行

┌──────┐
│ 検印省略 │
└──────┘

著　　者　　平　井　慎　一
　　　　　　坪　内　孝　司
　　　　　　秋　下　貞　夫
発　行　者　　株式会社　コ　ロ　ナ　社
　　　　　　代　表　者　　牛　来　真　也
印　刷　所　　三　美　印　刷　株　式　会　社
製　本　所　　有限会社　愛　千　製　本　所

──

112-0011　東京都文京区千石 4-46-10
発　行　所　　株式会社　コ　ロ　ナ　社
CORONA PUBLISHING CO., LTD.
Tokyo Japan
振替 00140-8-14844・電話(03)3941-3131(代)
ホームページ https://www.coronasha.co.jp

──

ISBN 978-4-339-04518-5　C3353　Printed in Japan　　　　　　(柏原) G

モビリティイノベーションシリーズ

（各巻B5判）

■編集委員長　森川高行
■編集副委員長　鈴木達也
■編 集 委 員　青木宏文・赤松幹之・稲垣伸吉・上出寛子・河口信夫・
（五十音順）　　佐藤健哉・高田広章・武田一哉・二宮芳樹・山本俊行

シリーズ構成

配本順				頁	本 体
1.（1回）	モビリティサービス	森山　川本　高俊　行行編著		176	2900円
2.（4回）	高齢社会における人と自動車	青赤上　木松出　宏幹寛　文之子編著		240	4100円
3.（2回）	つながるクルマ	河口高佐　口田藤　信広健　夫章哉編著		206	3500円
4.（3回）	車両の電動化とスマートグリッド	鈴稲　木垣　達伸　也吉編著		174	2900円
5.（5回）	自　動　運　転	二武　宮田　芳一　樹編著哉編		288	4800円

宇宙工学シリーズ

（各巻A5判，欠番は品切です）

■編集委員長　高野　忠
■編集委員　狼　嘉彰・木田　隆・柴藤羊二

			頁	本 体
1.	宇宙における電波計測と電波航法	高柏　野本・佐・村　藤田共著	266	3800円
3.	人工衛星と宇宙探査機	木田小松川口　敬淳　隆治一郎共著	276	3800円
4.	宇宙通信および衛星放送	高野・小川・坂庭小林・外山・有本共著	286	4000円
5.	宇宙環境利用の基礎と応用	東　　　　久　雄編著	242	3300円
6.	気　球　工　学 ＿＿成層圏および惑星大気に＿＿ 浮かぶ科学気球の技術	矢島・井筒今村・阿部共著	222	3000円
7.	宇宙ステーションと支援技術	狼堀川・冨・白田木共著	260	3800円
9.	宇宙からのリモートセンシング	岡本川田五十嵐　謙・熊・浦　一監修谷塚共著	294	4760円

定価は本体価格＋税です。
定価は変更されることがありますのでご了承下さい。

〰〰〰〰〰〰〰〰〰〰〰〰　図書目録進呈◆

機械系コアテキストシリーズ

(各巻A5判)

	配本順		頁	本体

材料と構造分野

| A-1 | （第1回） | 材　料　力　学 | 渋中 谷谷 陽彰 二宏 共著 | 348 | 3900円 |

運動と振動分野

| B-1 | | 機　械　力　学 | 吉松 村村 卓雄 也一 共著 | | |
| B-2 | | 振　動　波　動　学 | 金姫 子野 成武 彦洋 共著 | | |

エネルギーと流れ分野

C-1	（第2回）	熱　　　力　　　学	片吉 岡田 憲司 共著	180	2300円
C-2	（第4回）	流　体　力　学	鈴木康方　関谷直樹　彭松國義　沖田浩平 島均 共著	222	2900円
C-3		エネルギー変換工学	鹿 園 直 毅 著		

情報と計測・制御分野

| D-1 | | メカトロニクスのための計測システム | 中 澤 和 夫 著 | | |
| D-2 | | ダイナミカルシステムのモデリングと制御 | 髙 橋 正 樹 著 | | |

設計と生産・管理分野

| E-1 | （第3回） | 機 械 加 工 学 基 礎 | 松笹 村原 弘 隆之 共著 | 168 | 2200円 |
| E-2 | （第5回） | 機 械 設 計 工 学 | 村柳 上澤 秀 存吉 共著 | 166 | 2200円 |

ロボティクスシリーズ

(各巻A5判，欠番は品切です)

- ■編集委員長　有本　卓
- ■幹事　川村貞夫
- ■編集委員　石井　明・手嶋教之・渡部　透

配本順		書名	著者	頁	本体
1.	(5回)	ロボティクス概論	有本　卓編著	176	2300円
2.	(13回)	電気電子回路 —アナログ・ディジタル回路—	杉田　山中　克　進彦共著 小　西　　　聡	192	2400円
3.	(17回)	メカトロニクス計測の基礎（改訂版） —新SI対応—	石　井　雅　明共著 木　股　　　章 金　子　　　透	160	2200円
4.	(6回)	信号処理論	牧　川　方　昭著	142	1900円
5.	(11回)	応用センサ工学	川　村　貞　夫編著	150	2000円
6.	(4回)	知能科学 —ロボットの"知"と"巧みさ"—	有　本　　　卓著	200	2500円
7.	(18回)	モデリングと制御	平井　慎一共著 坪内　孝司 秋下　貞夫	214	2900円
8.	(14回)	ロボット機構学	永井　清共著 土橋　宏規	140	1900円
9.		ロボット制御システム	玄　相　昊編著		
10.	(15回)	ロボットと解析力学	有本　健共著 田原　卓二	204	2700円
11.	(1回)	オートメーション工学	渡　部　　　透著	184	2300円
12.	(9回)	基礎福祉工学	手嶋教之共著 米本川良谷 相馬孝二 相糟紀佐	176	2300円
13.	(3回)	制御用アクチュエータの基礎	川村貞夫共著 野方誠論 田所恭弘 早松川浦貞裕	144	1900円
15.	(7回)	マシンビジョン	石井　明彦共著 斉藤　文	160	2000円
16.	(10回)	感覚生理工学	飯　田　健　夫著	158	2400円
17.	(8回)	運動のバイオメカニクス —運動メカニズムのハードウェアとソフトウェア—	牧川　方昭共著 吉田　正樹	206	2700円
18.	(16回)	身体運動とロボティクス	川　村　貞　夫編著	144	2200円

定価は本体価格＋税です。
定価は変更されることがありますのでご了承下さい。

図書目録進呈◆